시로 배우는 과학책

번갯불로 파마하는 과학이야기

번갯불로 파마하는 과학이야기

지은이 · 정원종
초판 1쇄 펴낸날 · 1998년 11월 20일
초판 2쇄 펴낸날 · 1998년 12월 10일
펴낸이 · 김승태
편집장 · 김순덕
표지디자인 · 김주연
영업 · 김석주
등록번호 · 제2-1329호(1992. 3. 31)
주소 · 110-616 서울 광화문우체국 사서함 1661
　　　　T. (02)830-8566 F.(02)830-8567
　　　　E-mail:jeyoung@chollian.net

ISBN 89-8350-619-9

값 5,000원

시로 배우는 과학책

번갯불로 파마하는 과학이야기

정원종 지음

예영커뮤니케이션

한인고등학교의 사랑스런 제자들에게
이 책을 바칩니다.

서 문

과학은 흔히
참으로 복잡하고 골치 아픈 학문으로 생각됩니다.
그러나 우리 일상 생활의 과학은
쉽고 재미있고 신기한 현상들로 이루어진 것들이 많습니다.

과학을 좀더 쉽게
과학을 좀더 재미있게
그리고 멋스럽게
문학을 곁들여
맛있는 음식으로 만들면
과학은
부담 없는 친구가 될 수 있습니다.

바로 이러한 시도로
시로 배우는 과학책을 만들어 보았습니다.

특별히 당부하고 싶은 말은
우리가 이제까지 학교 교실에서 배운 교과서의 내용이

모두 정확한 검증으로 규명된 것은 아니며
오류가 있을 수 있다는 것을 알았으면 합니다.
더욱이 하나님의 창조세계를
오직 진화론으로만 소개하고 있는데 대하여
반론을 제시하며
많은 사람들이 두 가지 이론
창조론과 진화론에 대한 객관적인 사고를 갖고
바른 판단을 내리길 바랍니다.

21세기를 바라보며
1998년 가을에

차 례

배불뚝이 지구

지구의 허리는 4만km
극지방 보단 적도가 튀어나온 배불뚝이
하루 하루
정신없이 돌다 보면
지구의 배는 자꾸 불러

똑딱 1초에
400m를 넘게 뜀박질하며 돌아가는 지구에
내가 살고 있으니-

아!
돈다
마구 돈다-

공부합시다!

지구타원체란

지구는 북극과 남극을 회전축으로 하루에 한 바퀴씩 자전을 합니다.

자전하는 속력을 보면, 적도 지방은 약 4만km를 24시간 동안 자전하기 때문에 매우 빨리 돌고 있고, 극지방은 제자리에서 24시간 동안 도는 것이기 때문에 아주 천천히 회전을 합니다.

원운동(회전운동)하는 물체는 밖으로 튕겨져 나가려는 원심력이 작용하는데, 지구에서는 적도 지방에서의 원심력이 가장 크고 이로 말미암아 적도 지방의 반지름이 극지방보다 약간 큰 타원체 모양을 하고 있는 것입니다.

원이 얼마나 동그랗고 얼마나 찌그러진 타원인가는 이심률로 나타내는데 값이 0에 가까울수록 완전한 원에 가깝습니다. 지구의 이심률은 약 $\frac{1}{300}$ 정도입니다.

이심률(e) = $\frac{a-b}{a}$ (a:원의 긴쪽 반지름, b:원의 짧은쪽 반지름)

만약 사람이 지구가 돌아가는 것을 느낄 수 있다면 시끄러운 소리와 어지러움으로 살아가기 어려울 것입니다. 다행히 하나님께서 사람이 아주 저음(저주파)이나 고음(고주파)을 들을 수 없도록 창조해 놓으셔서 우리는 아무 문제 없이 지구에서 살아갈 수 있는 것입니다.

대기권

태양과 가까운 하늘
올라갈수록 뜨거워지는 하늘
전리층 우체국 전파를 반사시켜 소식을 전하고
극지방 밤하늘
낭만 가득히 오로라로 칠보단장시키는 열권 하늘

높이 80km 아래로
차가워진 중간권
보이지도 않는 공기를 가지고
소꿉장난 같은 대류가 일어난다

그 아래
산소가 헤어지고 만나며
오존(O_3)을 만들어 내는 성층권 하늘은
무서운 태양의 자외선을 막아 주는 좋은 망토

맨 아래
땅과 맞대어 꿈틀이는 하늘, 대류권
시커먼 구름
고기압 저기압 바람이 불고
비가 눈이 우박이 오는 하늘
그러나 가끔

무서운 하늘
번개가 친다
벼락이 친다

번갯불에 콩 볶으러 간다
.
콩 사세요!
싱싱한 번갯불표 볶은 콩 사세요!

때론 번갯불에 파마도 한다 -

대기권이란

지구는 현재 우리가 알고 있는 지식으로는 유일하게 생물체가 살 수 있는 공기층을 가지고 있습니다.

이 지구를 둘러싸고 있는 공기층을 대기권이라고 하는데, 이 대기는 높이와 기온상태에 따라 대류권, 성층권, 중간권, 열권으로 나눕니다.

① 대류권은 땅으로부터 높이 약 11km까지의 공기층으로 공기가 가장 많고 공기의 순환이 아주 잘 일어나 여러 가지 날씨현상이 나타나는 곳입니다. ② 성층권은 높이 11~50km까지의 공기층으로 땅에서 멀어질수록 공기의 온도가 올라가는데, 이유는 산소 3개가 뭉쳐 있는 오존(O_3)이 많이 분포하여 햇빛의 자외선을 흡수해서 온도가 올라가게 된 까닭입니다. 자외선은 생물을 일찍 늙게 하고 쉽게 병들게 하는 해로운 광선입니다. ③ 중간권은 높이 50~80km의 공기층으로 공기의 상태가 불안정하여 공기의 흐름인 대류현상이 나타나지만 공기의 양이 매우 적어 기상현상이 나타나지는 않습니다. ④ 열권은 80km 이상의 높이에 있는 공기층으로 공기의 양이 중간권보다도 적고, 전리층이 있어서 전파를 반사시키는 무선통신을 할 수 있도록 해줍니다. 그리고 극지방에선 이 전리층과 자기장의 영향으로 아름다운 오로라가 나타나기도 하며 밤하늘을 수놓는 여러 가지 유성도 이 열권에부터 나타나는 현상들입니다.

이 밖에도 외권 또는 외기권으로 나누는 지구 대기의 가장 바깥 쪽도 구분하는데 이곳은 공기가 거의 없고 태양과 가까워질수록 온도가 올라가는 공기층입니다.

하나님께서 사람을 만드실 때, 이 모든 세상을 아름답게 그리고 사람이 평안히 살아갈 수 있는 아주 좋은 환경을 만드시고 마지막으로 우리를 만드셨습니다. 이 대기권은 하나님께서 사람에게 주신 좋은 환경입니다.

지구 자전의 증거

왔다 갔다
왔다 갔다
손도 안댄 푸코진자가
빙빙 시계방향으로 돌며
왔다 갔다

높은 빌딩
똑바로 떨어뜨린 반지는
동쪽으로 치우쳐 수렁에 빠지고

적도에서 극으로
멀쩡한 포탄
바나나킥
휘어서 날아간다

하늘에 쏘아올린
인공위성 발걸음은
가만히 서 있어도 서쪽으로 서쪽으로

지구의 배가
자꾸만 불러오는 것도
사실은
뱅뱅 밤낮 지구가 돌고 있기 때문.

공부합시다!

지구 자전의 증거

지구가 자전하고 있다는 것을 어떻게 증명해 볼 수 있을까요. 여기에는 자주 사용되는 네 가지 정도의 증거를 살펴볼 수 있는데 그 첫번째가 푸코진자입니다. 무거운 쇠구슬을 긴 줄에 묶어 왔다갔다 움직이게 하면 다른 힘이 없어도 왔다갔다 하는 방향이 조금씩 바뀌는 것을 볼 수 있습니다. 이것이 어떻게 지구 자전의 증거가 되는지는 여러분이 직접 추를 묶고 그 밑의 판을 돌려보면 어느 정도 이해할 수 있을 것입니다. 두 번째로, 높은 곳에서 물체를 떨어뜨리면 북반구에서는 약간 동쪽으로 치우쳐 떨어지는 경향이 있습니다. 이것은 높은 곳의 자전 속도는 빠르고, 지표면의 자전 속도는 상대적으로 느리기 때문에 위에서 움직이던 물체가 아래로 떨어지게 되면 앞지르게 되는 현상입니다. 세 번째로, 전향력(轉向力)이라는 가상적인 힘이 있습니다. 전향력은 바로 위에서 설명한 것과 마찬가지로 서로 다른 자전 속도(각속도)를 가진 물체가 이동하면서 나타나는 현상입니다. 지구의 북반구에서는 운동하는 물체에 대하여 오른쪽 직각방향으로 힘이 작용하여 물체의 운동이 오른쪽 방향으로 휘어져 운동을 하게 됩니다. 네 번째로, 인공위성 궤도의 서편현상이 있습니다. 지구가 자전을 하니까 지구를 같은 위치에서 공전 하는 인공위성을 볼 때 그 궤도가 해가 지듯이 서쪽으로 이동하는 것처럼 보이는 현상입니다. 다섯 번째로, 지구의 모양이 적도쪽이 불룩한 타원체의 모양을 하게 된 이유로, 지구 자전의 증거로는 적당하지 않지만 지구가 자전하기 때문에 나타난 현상으로서, 만약 지구의 자전 속도가 더욱 빨라진다면 적도는 더 불룩하게 튀어나올 것입니다.

전향력(=코리올리의 힘; Coriolis' force)

$f = 2m \, v \, \omega \, sin \, \varphi$

m: 운동하는 물체의 질량

v: 물체의 속도

ω: 물체의 각속도

φ: 그 지방의 위도

계절

봄
여름
가을
겨울

왜 온도는
오르락 내리락
귀찮게 옷 갈아입게 할까

그래,
해가 힘없이
비스듬히 빛을 비추면
날씨는 썰렁해지고
해가 꼿꼿하게
수직으로 빛을 비추면
많은 빛을 쏘여
땅이 열받기 때문일꺼야

아냐,
혹시 옷장수 아저씨가
날마다 기도해서 그런 거 아냐?

공부합시다!

계절(季節)

　만약 봄, 여름, 가을, 겨울 사계절이 없다면 어떻게 될까요? 아마도 1년이 매우 지루해질 것입니다.

　하나님께서는 지구의 자전축을 지구가 태양을 도는 공전궤도면에 대해 약 23.5° 정도 기울여 놓아 지구의 공전에 따라 태양의 고도가 바뀌게 되었습니다.

　이 말은 바로 똑같은 면적에 햇빛을 받는 양이 달라져 여름처럼 해가 높이 뜨면 같은 크기에 햇빛을 받는 양이 최대가 되어 지구는 열을 받게 된다는 것이랍니다. 반대로 겨울이 되면 햇빛이 지표면을 비스듬하게 비추어 상대적으로 단위 면적당 받는 에너지가 감소하게 되고 날씨가 추워지게 되는 것입니다.

암석

아주 먼 옛날부터
돌 삼형제가 있었다.

첫째는
뜨거운 마그마가 식혀져 만들어진
화성암

둘째는
높은 압력 높은 열로
휘어지고 납작해지고 모양이 변해 버린
변성암

셋째는
부서진 돌조각
쓸려온 흙더미가 모여
물 속 오랜 시간 동안 굳혀진
퇴적암

지금도
지구 돌덩이는
삼형제 사이 왔다갔다

화성암도 되고
변성암도 되고
퇴적암도 되고

내 머리도
돌이 된다.

암석(巖石;Rock) 이란?

순수한 우리말로 돌이라는 표현은 바로 암석을 나타내는 말입니다. 이러한 암석은 광물이라는 물질로 이루어진 딱딱한 고체를 말하는 것으로 지구상의 암석은 크게 세 가지로 분류합니다.

화성암은 땅 속의 마그마가 식혀져 만들어진 암석을 말하며, 퇴적암은 바람이나 물에 의해 여러 가지 물질이 쌓여 딱딱하게 굳어진 암석을 말하고, 마지막으로 변성암은 화성암이나 퇴적암이 높은 열과 압력으로 원래의 성질과 모양이 바뀌어 만들어진 암석인데, 변성암 자체는 또 변성이 될 수 있습니다.

모든 물질은 제각각 용도를 갖고 있습니다. 이러한 여러 암석은 인류에게 아주 중요한 자원으로 쓰여지는 것들이죠. 쓸모없다면 만드시지도 않으셨겠죠?

* 감상포인트 : 6연

돌을 열심히 연구하다 보니 작가 자신도 돌이 되고 싶은 간절한 소망을 승화시킨 절규적인 표현.

화성암

안으로 깊숙이
끓는 가슴 누르며
오랜 세월
정적과 인내로
몸알 굵게 돌이 된
반려암 섬록암 화강암
심성암의 가족들

그래도 한 번
세상을 보겠노라
용쓰며 올라오다
결국
중간에 김이 새버린
휘록암 섬록반암 화강반암
반심성암의 가족들

부글부글 끓던 마그마
세상 밖으로 불쑥
거창한 폭발 소리와 함께
검붉은 몸뚱이 지표를 덮으며
차가운 대지
움찔 식으며 굳어진

현무암 안산암 유문암
화산암의 가족들

공부합시다!

화성암(火成巖;igneous rocks)

지구를 구성하고 있는 암석 중 지구전체에 가장 많이 존재하는 암석이 바로 이 화성암입니다. 화성암은 어디에서 어떻게 만들어 졌는가에 따라 심성암, 반심성암, 화산암으로 구분을 합니다. 그리고 SiO2함량이 얼마인가에 따라 산성암, 중성암, 염기성암으로 구분하기도 합니다.

심성암은 땅 속 깊은 곳에서 천천히 오랜 시간 동안 만들어진 암석이기 때문에 결정이 크고 모양이 분명합니다. 반대로 화산암은 땅 속 깊은 곳에 있던 마그마가 화산을 통해 밖으로 나와 급속히 차가와지며 만들어진 종류로 결정 모습을 제대로 만들 만한 여유가 없어 결정이 아주 작거나 보이지 않는 암석입니다. 마지막으로 반심성암 종류의 암석은 화산암과 심성암의 중간 형태로써 미세한 결정들의 바탕 위에 가끔 조금 큰 결정 알갱이가 보이는 것들입니다.

SiO2함량에 따른 분류는, SiO2함량이 52%미만일 경우는 염기성암, 66%이상일 경우에는 산성암, 52%~66%일 경우는 중성암으로 분류를 하며, 이 때 SiO2함량이 많아질수록 암석의 색이 흰 경향이 있습니다.

* 마그마(magma)와 용암(lava) — 마그마란 땅 속의 액체성분의 물질로서 식으면 화성암을 만들어 주는데 휘발성분(기체성분)을 갖고 있는 것을 말하며, 용암은 이 마그마가 지표 밖으로 나와서 휘발성분(gas)이 날아가 버린 물질을 뜻함. 쉽게 말하자면 이웃사촌 관계.

26

퇴적암

이게 뭐지?

쭈글쭈글
넘실넘실
주름 잡힌 것이
아하!
여긴 얕은 물,
연흔구조로구나.

이건 무엇이다냐?

비스듬한 선들 겹겹이
이리로 저리로
물이 쓸고 왔나,
바람이 몰고 왔나.
오호라!
비스듬할 사(斜),
사층리로구나.

이건 또 뭘까?

툭 툭
터진 모양
거북이 등가죽처럼
갈라진 흔적 돌덩이
그렇지!
말라터진 땅
건열이로구나.

요놈은 왜 이렇게 생겼지?

위에는 고운 흙
아래는 굵은 돌
점점 커지는 알갱이 모습이
그래,
와그르 쏟아질 때 만들어진
점이층리로구나.

공부합시다!

퇴적암(堆積巖;sedimentary rocks)

퇴적암은 물이나 바람에 의해 여러 가지 물질이 쓸려와 쌓아지고 굳어진 암석을 말합니다. 퇴(堆)는 '언덕, 높이 쌓이다' 라는 뜻을 가진 글자이고, 적(積)은 '쌓다, 쌓이다' 를 뜻하는 글자입니다. 이 퇴적암은 그래서 여러 물질이 쌓이면서 특별한 구조를 보이기도 하는데, 그 대표적인 구조는 앞에서 본 네 가지 것으로 연흔, 사층리, 건열, 점이층리가 있습니다.

연흔은 주로 얕은 물에서 물표면의 찰랑거림이 지층에까지 새겨진 구조이고, 사층리는 물이나 바람에 의해 여러 물질들이 비스듬하게 여러 겹을 이루며 쌓아진 지층으로 물이 흐른 방향이나 바람의 방향을 추정해 볼 수 있으며, 건열은 건조해지는 지표면에서 갈라진 흔적의 구조이며, 마지막으로 점이층리는 크기와 무게가 다른 여러 물질이 와장창 쏟아지면서 물 속에서 퇴적된 구조로 아래에는 크고 무거운 물질이 먼저 떨어져 쌓이고, 위로 갈수록 작고 가벼운 물질이 쌓이는 모습을 볼 수 있습니다.

변성암

팍 팍
열을 받는다.

위에서
아래서
옆에서
누른다.
무작정
누른다.

붉으락 푸르락
색이 바뀌고
울툭불툭
덩어리가 생긴다.

멀쩡하던 셰일
열받아 혼펠스
짓눌려 슬레이트 천매암 편암 편마암

뒤죽박죽
돌이 바뀐다.

공부합시다!

변성암(變成巖;metamorphic rocks)

변성암은 이미 만들어진 암석이 열이나 압력에 의해 그 결정이나 색깔, 성질이 바뀌어진 암석을 말합니다. 이러한 작용을 변성작용이라고 하는데, 뜨거운 마그마의 열에 의한 변성작용을 접촉변성작용이라고 하며, 거대한 지각의 압력에 의한 변성작용은 광역 변성작용이라고 합니다.

퇴적암 중에서 고운 흙이 굳어져 만들어진 셰일은 접촉변성작용을 받으면 충격을 주었을 때 암석이 소뿔처럼 날카롭게 깨어진다고 '혼(horn)펠스'라는 변성암이 되는데, 압력에 의한 광역변성작용을 받으면 압력의 정도에 따라 슬레이트, 천매암, 편암, 편마암으로 계속 변성됩니다.

참고적으로 슬레이트는 돌구이 음식점에서 음식을 굽는 요리판으로 쓰여지는데, 이것은 슬레이트가 옆으로 잘 쪼개지는 성질이 있어 얇은 판을 만들 수 있기 때문이며, 장식용으로 쓰여지는 대리암은 시멘트를 만드는 석회암이 접촉변성 받은 암석입니다.

* 엽리(葉理)란?

암석이 압력을 받아 특별한 광물들이 나뭇잎처럼 압력에 직각방향으로 배열하여 방향성을 갖는 변성암의 구조. 모양이 나뭇잎을 포개놓은 것처럼 보여 붙여진 이름.
- 편리 구조 : 유색광물과 무색광물이 교대로 줄무늬를 이루는 구조
- 편마상 조직 : 조립질(결정이 큰) 암석이 압력을 받거나 편리가 더 큰 압력과
　　　　　　　　열을 받아 나타나는 조직으로 편리보다 큰 결정으로 줄무늬를 보이는
　　　　　　　　조직

중력 탐사

F = mg
중력을 재러간다.

높은 곳
낮은 곳
평평한 곳

그런데
요상히도
같은 들판에도
다른 중력값

-현준:이거 왜 이래?
-지현:니가 만졌지?
-성현:아냐, 손도 안 댔어.
-예슬:국산은 다 그렇다니까.

-선생님:너희들 어디 가서 나한테 배웠다고 말하지 마라, 응?
    이 녀석들아! 땅 속에 밀도가 높은 것이 묻혀 있으면 중력이 높게,
    밀도가 낮은 것이 묻혀 있으면 중력이 낮게 나타나잖아.

문제는 국산이 아닌 중력이상
지하물질의 밀도

으그그,
수업 시간엔 졸지 말자.

중력 이상

중력을 측정해 보면 같은 위도인데도 불구하고 다양한 중력값을 얻을 수 있습니다. 이것은 지하에 묻혀 있는 물질의 밀도에 따라, 밀도가 크면 만유인력값도 증가하고 결국 중력값도 크게 측정되기 때문입니다. 반대로 밀도가 작은 물질이 있다면 실제 중력은 작게 나타나겠죠?

지구전체적으로는 극지방의 중력값이 가장 크게 나타나고, 적도지방이 가장 작은 값으로 나타는데, 이것은 극지방에 비해 적도지방은 빠르게 회전을 하면서 밖으로 향하는 원심력이 작용하여 지구 중심쪽을 향한 만유인력과 그 값이 서로 상쇄되어 중력값이 측정되기 때문입니다.

중력값은 어떻게 잴 수 있을까요?

간단하게 실과 시계, 그리고 쇠구슬(추)만 있으면 되는데 이것은 단진자의 주기를 이용한 방법입니다. 시계추처럼 왔다갔다하는 물체의 운동을 단진자 운동이라고 하는데 실의 길이와 한 번 왔다가는 시간 주기와 중력과는 다음과 같은 관계가 있습니다.

$$T = 2\pi\sqrt{\frac{l}{g}} \quad (T: 주기, \ l: 실의 길이, \ \pi: 원주율 \ g: 중력가속도) \Rightarrow g = 4\pi^2 \ l \ / T^2$$

10회 이상 진자의 주기를 계속 측정하여 평균값을 내면 중력가속도값을 구할 수 있는데, 여기에 질량값을 곱하면 바로 중력값이 됩니다.

태양 복사

그대는
나의 빛
나의 태양

어제도
오늘도
내일도
영원히 불타오를 나의 태양

썬파워 강렬한 빛
8분의 시간을 소요한 후
아름다운 행성
지구에 다다른다

짧은 파장의 γ선 X선 자외선을 거쳐
가장 큰 에너지 영역 가시광선,
점점 길어지는 적외선 전파까지

수많은 빛을
지구로 송신하는 태양은
그러나
애석하게

수증기 이산화탄소 오존이 먹어치워
정작
우리가 받는 태양에너지는 $0.5 cal/cm^2 \cdot min$

사실
생명이 살 수 있는 우주 유일한 곳
우리 지구의 온도는
딱 지금의 상태

조금만 더 열 받아도
조금만 더 썰렁해도
우린 아리송해 아리송해 아리송해

에너지의 근원 - 태양

오, 나의 태양 너 참 아름답다♬

지구에 있는 모든 생명체는 첫번째로 태양에너지의 도움으로 살아갑니다. 태양은 지구보다 질량이 33만배, 지구 지름의 109배 크기의 별입니다. 별은 스스로 빛을 내는 천체인데 이것은 내부의 온도와 압력이 매우 높아 핵융합반응이 일어나며 열과 빛을 발하게 되기 때문입니다.

태양에너지는 우리가 눈으로 분별할 수 있는 빛의 영역인 가시광선(可視光線)영역에서 가장 큰 에너지를 내보내고 있으며, 이 밖에도 다양한 파장의 빛을 내보내고 있습니다. 파장이 짧은 빛으로는 γ선, X선, 자외선이 있으며, 가시광선보다 긴 파장의 빛으로는 자외선과 전파를 들 수 있습니다.

태양복사에너지는 지구의 대기 밖에서 1㎠ 의 면적당 1분간 받는 에너지를 측정하면 약 2㎈가 나오는데 이것을 통해 지구가 받는 전체 태양복사에너지와 태양이 방출하는 총 복사에너지를 구할 수 있습니다.

하나님께서는 이 태양을 우리에게 빛으로, 에너지로, 생명으로 먼저 준비하시고 사람들을 가장 나중에 창조하셨습니다. 사람이 살아갈 수 있는 환경을 먼저 완벽하게 만드신 후에 사람을 만드신 것입니다. 요즘은 사람들도 불량품이 있어서 문제가 되는데 하루 빨리 우리가 하나님께서 창조하실 때의 아름다운 심성의 사람, 아름답고 깨끗한 지구환경을 복원해야 되겠습니다.

안개 I

햇빛 가득 내리쬐던 낮 한 때
오후로 기울어
태양은 키다리 그림자를 만들고

따끈하게 데워진 지표는
차츰
시베리아를 추적한다.

들어오는 에너지[1]는 고갈되고
나가는 에너지[2]는 계속되고
자꾸만 식어지는 대지는
덩달아 대기를 식히고
새벽녘, 이른 아침
뿌연 안개

복사안개가 된다.

---

(1) 태양복사에너지
(2) 지구복사에너지

복사(輻射)안개

공기는 온도가 높으면 많은 수증기를 가질수 있습니다. 그러나 온도가 내려가면 수증기를 많이 갖고 있을 수 없게 되고 남는 수증기는 포화가 되고 응결을 하게 되는데 이 응결이 이파리에 매달리면 이슬이 되고, 지표 근처에 뿌옇게 나타나면 안개가 되고, 하늘에 둥둥 떠 나타나면 구름이 되는 것이랍니다.

봄, 가을에 아침과 저녁 온도 차이가 10℃이상이 되는 때는 아침 안개가 많이 발생합니다. 이것은 아침에 해가 떠서 지표면과 공기를 뜨겁게 달구었다가 해가 지면서 기온이 떨어지면 낮에 공기가 갖고 있던 수증기가 새벽이 되면서 응결을 하기 때문입니다. 이슬이 만들어지는 원리나 안개가 만들어지는 원리나, 구름이 만들어지는 원리는 같습니다.

복사(輻射)안개라는 것은, 태양이 지구에게 보내는 복사에너지가 낮엔 많아 공기가 뜨겁고 수증기를 많이 포함하고 있을 수 있었지만, 해가 지면서 지구에서 방출하는 지구복사에너지가 계속 땅과 공기의 온도를 떨어뜨려 나타나는 것이 안개라는 것입니다.

안개 2

따스하고 촉촉한 공기
길을 떠난다.

수증기 가득
무거운 몸 이끌고
두루두루
여행을 하다

차가운 마을
발을 디밀자
움츠러든 몸, 허옇게
이류안개.

냉각이 되었다.

이류(移流)안개

보통 사람들은 일류를 좋아합니다. 일류라는 말은 바로 최고를 뜻하는 말이기 때문입니다.

그러나 너무 일류를 좋아하다 보면 부작용이 생깁니다. 사람은 서로 도와가며 함께 살아가는 것인데 남에게 피해를 주며 바르지 못한 방법까지 동원하며 일류가 되려한다면 큰 잘못 아니겠어요? 때론 이류, 삼류가 아름답고 빛이 날 수 있는 것은 바로 그러한 경우 때문입니다.

그러면 이류안개는 뭘까요? 안개도 일류가 있고 이류가 있는 걸까요? 아닙니다. 여기서 이류(移流)라는 말은 이동하여 흘러간다는 것입니다.

이류안개는 따뜻하고 수증기를 많이 가지고 있던 공기가 차가운 지역으로 이동하여 이 차가움 때문에 공기가 냉각되어 나타나는 안개의 한 종류입니다.

안개 3

공기가 산을 탄다.

위로
오르면 오를수록
온도는 뚝 뚝
아래로 치닫고

사람이라면
이마 빼곡이 땀이 배었을텐데,
공기는 오히려
식어진 온도로 포화가 된다, 응결을 한다.

산에서 만들어져
산안개 별명이 붙은 안개

산 아래서 보면
구름.
산 중턱 올라서 보면
안개.

안개와 구름의 이중성을 소유한
안개 가족
　　　　　활
　　　승
　안
개.

안개와 구름

안개와 구름은 어떻게 다를까요? 혹시 생각해 보셨나요?

안개와 구름은 어디에 위치하는가에 따라 또는 어디에서 보는가에 따라 다를 뿐이지 사실 같은 성질의 것입니다. 안개는 보는 사람이 그 속에 있어서 바로 느낄 수 있는 것이고, 구름은 높이 떠서 멀리 바라 보는 것이지요.

활승(滑昇)안개는 이러한 구름과 안개의 두 가지 성질을 다 갖고 있는 것입니다. 수증기를 머금은 공기덩어리가 이동을 하다가 산을 만나면 산을 타고 상승을 하게 됩니다. 공기가 상승을 하면 단열팽창을 하며 온도가 내려가고 구름이 만들어 지는데, 산에 있는 사람들에겐 이 구름이 안개가 되는 것이지요. 그래서 이 안개는 활승안개라는 이름과 산안개라는 두 가지 이름이 있습니다. 그리고 이것을 산 아래서 보면 구름도 되는 것이지요.

안개와 구름은 두 이름을 갖고 있는 한 가지라고 할 수 있습니다.

안개 4

여러 해 전
KBS-TV 전설의 고향

이른 새벽
하얀 소복
버선발 여인의 발길을 좇다보면
연못가
모락모락 하얀 김이 오르고
으시시한 분위기 만점의 상황

드라이아이스로 만드는 걸까?
연기를 피워 만드는 걸까?

답은
아니올시다

밤새 차가워진 공기에
따스한 연못물이 증발해서 만들어진
아주 자연스런 현상
증발안개 때문

탤런트 안개 - 증발(蒸發) 안개

TV를 보면 많은 영상효과들이 동원됩니다. 이 영상효과는 화려하게 시청자들의 마음을 사로잡고 무대를 빛나게 만듭니다. 특히 공포영화에 있어서는 그 효과가 영화의 작품도를 판가름하는 매우 중요한 역할을 하는데, 흔히 볼 수 있는 것 중의 하나가 안개 효과입니다.

이른 새벽의 연못에서 모락모락 피어나는 안개 속으로 하얀 소복을 입고 처녀가 맨발로 걸어가면 아주 으시시한 분위기가 연출됩니다. 이때 연못의 안개를 가리켜 증발안개라고 합니다.

밤이 되면 기온이 점점 내려가는데 비해 연못의 물은 비열이 높아 온도하강폭이 그리 크지 않습니다. 그래서 새벽녘이 되면 연못 주변에서 공급되는 수증기가 차가워진 대기에 유입되면서 수증기의 포화가 일어나고 이것이 안개를 만드는 것입니다. 수증기의 계속적인 공급이 수면 근처의 안개를 형성시켜 주는 것입니다. 이러한 원리는 이른 아침에 시냇물, 저수지, 목욕탕, 따뜻한 물의 표면에서도 쉽게 관찰할 수 있습니다.

안개 5

무더운 여름철
갈증으로 타던
마른 대지 위에
후두둑
한 차례
비가 쏟아진다.

온난전선
한랭전선
정체전선
폐색전선

제각각
찬 공기 따뜻한 공기 옥신거리다
찬 공기 위로 따뜻한 공기
상승을 하고

위로 오르며
공기는 냉각
구름이 생기고
비가 내린다.

빗줄기 가르는 대기엔
뿌우연 안개
빗몸에서 증발된 수증기
꽉 꽉 들어차
전선안개
시야를 가린다.

공부합시다!

비 오는 날의 안개

무더운 여름철, 선풍기 앞에 아무리 앉아 있어도 좀처럼 더위의 기세가 꺾이지 않을 때 쏴아 하고 비가 내리면 마음이 시원해지죠? 습도가 높아 불쾌한 기분은 남아있더라도 내리는 순간은 시원함을 느끼게 되는 것이 보통이죠. 이 때 밖을 내다보면 비가 내리면서 앞이 뿌옇게 일시적으로 흐려지는 것을 볼 수 있는데 이것은 비가 내릴 때 공기 중으로 비가 작은 수증기 입자들을 공급하여 나타나는 전선(前線)안개 때문입니다. 전선은 주로 비를 동반하게 되고 비가 내리면서 이러한 안개를 만들기 때문에 붙여진 이름입니다.

98년 여름은 비가 너무 무섭게 와서 많은 우리 이웃들이 고통을 당했는데 우리는 항상 이러한 날씨를 통해서도 스스로 자신의 잘못을 돌아보며 하늘의 뜻이 무엇인지 알려고 노력하는 자세가 필요하다고 생각합니다. 또한 어려울 때 서로 열심히 돕는 자세도 필요하구요. 만약 그런 상황에 감상에 젖어 비를 즐거워하고 안개를 즐긴다면 돌에 맞아요(어떤 사람들은 폭우와 물난리 속에서 물고기도 잡던데 그런 사람들은 거의 인간승리라고 할 수 있겠네요!).

높새 바람

공기가
등산을 한다.

수증기 배낭을 매고
천천히
정상을 향한다.

산 중턱
숨이 가빠지고
이마엔 송알땀 구름이 맺히고

용케도 참았던 소변
정상을 눈 앞에 두고
실례-
비가 내린다.

꼭대기 올라
한숨 돌리고 나면
가뿐한 몸.

비 내린 수증기 배낭은
텅 비어
신나게 내려오면
다시 열받아
고온건조한 높새바람
농작물을 망친다.

푄(Föhn)현상 - 높새바람

높새바람은 공기가 산을 타고 넘어갈 때 나타나는 현상으로 수분이 많던 공기가 산을 넘어가면서 구름이 생기고 비가 내리며 반대편에 이르러서는 건조하고 온도가 높은 공기가 되는 것을 말합니다.

공기는 운동을 하면서 온도변화를 일으키는데, 습도가 100%가 안 된 공기를 불포화공기 또는 건조공기라고 하며 100m 위로 상승할 때마다 약 1℃ 정도씩 내려갑니다(건조단열감률). 그 다음으로 공기 중의 수중기가 냉각에 의해 포화가 되면(포화공기 또는 습윤공기라고 함), 즉 습도가 100%인 공기가 되면 구름이 생기게 되고 이 때부터는 100m 올라갈 때마다 약 0.5℃씩 내려갑니다(습윤단열감률). 또 공기가 냉각되어 이슬이 맺히는 온도를 이슬점이라고 하는데, 건조공기일 때는 상승할 때 100m당 약 0.2℃씩 온도가 내려가고, 습윤공기일 때는 100m 상승 때마다 약 0.5℃씩 온도가 내려갑니다.

마지막으로 공기가 얼마나 올라갔을 때 구름이 생기는지를 알아보려면, 다음과 같은 식으로 구할 수 있습니다.

구름이 생기는 높이(h) = 125(현재 공기 온도 - 이슬점)

높새바람은 위와 같은 방법으로 공기의 습도변화, 온도변화 등을 계산할 수 있습니다. 일반적으로 높새바람은 고온건조한 바람이기 때문에 농작물에게는 좋지 않은 영향을 줍니다.

캐노피(Canopy)
- 하늘덮개 -

예전 사람은
7백살
9백살
장수했다던데,

과거 지구엔
온통 공룡이 있었다던데,

어떻게 그럴 수 있었을까.
옛날 지구는
지금과 달랐을까?

-답은
-O. K.

지구가 만들어질 때
지구엔 두 종류의 물
하늘 땅 모두 물이 있었지.

땅엔
바닷물 민물

하늘엔
수증기 캐노피층

지구는
두꺼운 수증기층으로 싸여
해로운 자외선도 없고
온실효과로 온통 따뜻하게
사람도 식물도 공룡도
오래오래 살았지.

그러다 어느 날
하늘을 두려워 않던 세상엔
40일 밤낮
캐노피층 물이 다 쏟아지고
점점 지구는 추워지고
수명도 단축되어졌지.

신의 섭리
엄청난 자연 앞
우린
겸손히
두 손 모아 살아가야 되지 않을까.

공부합시다!

하늘에 있던 수증기 물층

아마도 이것은 여러분이 처음 알게 되는 내용일텐데요, 과거 지구에는 대기에 두꺼운 수증기층이 있었다고 합니다.

이것은 '궁창 위의 물'이라고 기록되어 있는데 이 층으로 말미암아 지구는 지구전체적으로 아열대성 기후로 1년 내내 따뜻하고 우주로부터 들어오는 해로운 광선들을 효과적으로 차단하여 생물체들이 오래오래 살며 덩치도 매우 클 수 있었다고 합니다.

그런데 노아의 시대에 들어서면서 세상은 너무 타락하여 하나님께서 홍수 심판을 하시게 되었지요. 그것이 바로 하늘 위의 궁창인 수증기 캐노피층이 모두 비로 내려 지구의 환경은 급속히 나빠지고 말았습니다. 팔백 살, 구백 살을 살던 사람들이 육백 살, 오백 살에서 다시 삼백 살, 이백 살로 수명이 단축되고 지금은 겨우 여든 살 정도밖에 살 수 없게 되었지요.

하늘을 무시하고 하나님을 노하게 하면 인간에겐 오직 조직의 쓴맛을 보게 되는 것입니다. 물론 기다리시고 인내하시다가 정신차리라고 매를 드시는 것이지만.

하나님의 뜻이 무엇인가, 하나님께서 원하시는 것이 무엇인가를 신경 쓰며 삽시다. 그건 정말로 여러분이 복을 받게 되는 첫번째 지름길인 것입니다.

구름의 탄생

흰구름
먹구름
뭉게구름
새털구름

파아란 하늘 호수엔
각양각색
구름의 잔치

공기가 두둥실
하늘로 오르기 시작하면
단열감률곡선을 따라
차갑게 냉각이 시작되고
기온이 내려간 공기는
수증기를 가질 수 있는 주머니가 오그라든다.

남아도는 수증기는
모이고 모여서
작은 부피 물방울이 되고
뽀얗게 혹은 시커먼 구름

하늘 호적에
이름을 올린다.

공부합시다!

구름

구름이 만들어지는 것은 1차적으로 공기가 상승하며 나타나는 일련의 과정입니다. 그렇다면 공기는 어떠한 이유로 상승을 하게 될까요?

① 부분적으로 공기가 가열되어 상승하는 경우
② 따뜻한 공기가 전선면에서 찬 공기를 타고 상승하는 경우
③ 저기압에서 공기가 몰려들어 상승하게 되는 경우
④ 공기가 이동 중에 산을 타고 상승하게 되는 경우

이렇게 해서 상승한 공기는 여러 가지 모양의 다양한 구름을 만드는데 구름이 만들어지는 높이에 따라 하층운(下層雲), 중층운(中層雲), 상층운(上層雲), 수직운(垂直雲)으로 나누고 각각 또 세분하여 10가지 기본 운형으로 분류합니다.

비행기가 지나간 다음에 하늘에 하얗게 줄이 만들어지는데 이것도 구름의 한 종류입니다. 높은 하늘에는 기온이 낮아 조금만 수증기가 추가 되어도 쉽게 포화가 되고 응결이 되어 구름이 형성되는데 비행기의 추진 배기가스가 소량의 수증기를 대기 중으로 공급하여 나타나는 특수한 구름입니다. 달무리나 햇무리도 구름에 의해 나타나는 현상으로 상층운의 한 종류인 털층구름(권층운)이 빛을 굴절시키며 나타나는 현상입니다.

조륙운동

침묵하는 땅
그러나
숨쉬는 땅
움직이는 땅

압력을 받아 구겨지지도 않고
단층에 의해 층이 생기는 것도 아닌데
위로
아래로
꿈틀거리는 땅

잔뜩 짊어진
빙하나 산지가 깎여
굽혀진 허리 곤두세우면,

융기.

거꾸로
무거운 퇴적물 새로운 빙하
머리를 짓누르면,

침강.

오르락
내리락
땅은
고무줄 키를 가졌다.

공부합시다!

조륙운동(造陸運動)의 증거

땅은 그냥 가만히 있는 것 같지만 사실 땅도 쉴새없이 움직이고 있습니다. 두꺼운 얼음이나 퇴적물이 짓눌러 내려앉거나, 반대로 짓눌렸던 것이 없어지면서 위로 올라오는 현상이 바로 그 한 예입니다. 이러한 현상은 에어리(Airy)의 지각평형설로 설명을 할 수 있습니다.

지각평형설(地殼平衡說:Isostasy)이란 밀도가 작은 지각이 밀도가 큰 맨틀 위에 떠 있어 지각이 평형을 이루고 있다는 것으로 에어리(Airy)설과 플래트(Platt)설이 있습니다. 이 중에서 에어리설은 대륙이나 해양지각이 위로 상승한만큼 아래로 들어가 있는 형태를 주장하고 있으며, 플래트설은 위로 올라온 높이에 상관없이 밑의 면이 일정하다는 설입니다. 이 중에서 플래트설보다는 에어리설이 더 타당하게 받아들여지고 있는데, 에어리설에 의하여 조륙운동을 설명하면 이렇습니다.

두꺼운 빙하가 대륙 위에 생성되면 그 두께의 반만큼 대륙은 아래로 침강하여 위와 아래의 깊이를 같게 유지하며, 반대로 두꺼운 빙하가 녹으면 그 두께의 반만큼 위로 육지가 상승하여 위로 나온만큼 아래로 그 두께가 같게 유지된다는 것입니다.

조륙운동의 증거는 다음 두 가지가 있습니다.

첫째, 땅이 솟아올랐다는 융기인데 그 증거로는

① 세리피스 사원의 돌기둥에 패인 천공조개의 흔적 ② 스칸디나비아반도의 융기 자료 ③ 해안단구, 하안단구 ④ 심성암, 변성암의 지표노출 ⑤ 해퇴현상을 들 수 있는데, 사람에 따라 높은 산에서의 바다 생물의 화석 발견도 융기의 증거로 들기도 하나 이는 노아 시대의 대홍수와 관련지어 생각하는 것이 더 타당하리라 생각됩니다.

둘째, 땅이 꺼졌다는 침강인데 그 증거로는

① 복잡한 해안선이 나타나는 리아스식 해안 ② 산골짜기 지역이 침강하여 형성된 바다 속의 계곡인 익곡(溺谷) ③ 육지 기원의 해저삼림 ④ 바다가 육지쪽으로 수면이 높아진 해침 등이 있습니다.

조산운동

땅이
찌그러든다.

엄청난 압력
엿가락처럼 땅이 휘어진다.

지각의 기초는 맨틀
판과 판이 좌충우돌하는 곳엔
당연
힘의 실력행사가 일어나고
그 결과
땅은 주름이 잡힌다.

산을 만드는 조산운동.

판과 판이 만나 싸우기만 하면
주름살 땅덩이
혹처럼 산을 만든다.

공부합시다!

조산운동(造山運動)

조산운동이란, 말 그대로 산(山)을 만드는 운동입니다. 특별히 그냥 산보다는 여러 산들이 함께 붙어 있는 산맥을 만드는 작용을 말하는데, 지각과 상부맨틀의 일부로 구성된 판(Plate)과 판이 충돌하여 그 압력이 지각을 변형시키고, 변형된 모습이 바로 산맥으로 나타나는 것입니다.

이러한 판의 충돌형태는 해양판과 해양판, 해양판과 대륙판, 대륙판과 대륙판 등 세 가지 유형이 있습니다. 세계에서 가장 높은 산인 에베레스트산은 인도판과 아시아판이 서로 충돌하며 형성된 것으로 인도판이 계속 아시아판 쪽으로 밀어붙여 지금도 매년 산의 높이가 조금씩 높아진다고 합니다.

암석에 보면 변성암이 있는데 변성암 중에서 압력에 의한 변성암은 바로 이러한 대규모적인 곳에서 나타나기 때문에 광역(廣域)변성암이라고 합니다.

판 구조론
- 살아있는 땅, 움직이는 대륙 -

팡게아
먼 옛날
지구는 하나의 땅덩어리
대륙은 하나밖에 없었지.

그러던 어느 날
대륙은
조각 조각
퍼즐 맞추기 게임으로 나뉘어지고

5대양 6대주
바다와 대륙
여러 부분
홀로 서게 되었지.

옛날 지구의 자기장도 그렇고
지층의 유사성도 그렇고
해안선의 모양도 그렇고
화석들도 그렇고
바다 밑 새로운 땅 만들며 지각이 벌어진 것도 그렇고

떨어진 대륙들 사이마다
전엔 하나였던 흔적들.

-에벨은 두 아들을 낳고
-하나의 이름을 벨렉이라 하였으니
-그 때에 세상이 나뉘었음이요
-벨렉의 아우의 이름은 욕단이며

창세기 10장 25절 말씀

대륙이 나뉘어진 건 왜일까?

공부합시다!

판 구조론(Plate Tectonics)

지구는 원래 하나의 땅(팡게아)으로 이루어져 있었으나 얼마 뒤에 5대양 6대주의 모습으로 변하게 되었습니다. 그 시대는 구약성경의 창세기 10장 25절에 '벨렉' 이라는 사람 이름이 나오는데 바로 이 사람 이름의 뜻이 '나뉘다' 란 뜻으로 바로 이때 세상이 나뉘어졌다고 성경에 기록되어 있습니다.

그렇다면 이 땅은 어떻게 이동되어졌을까요?

대륙이 움직이는 것을 판운동으로 설명하는데, 판은 지각과 상부맨틀의 일부로 깊이 약100km까지의 딱딱한 암석권을 일컫는 말로 이 판이 맨틀에 떠서 이동을 한다는 것입니다. 하나의 대륙에서 나뉘어졌다는 이동의 증거로는 다음과 같은 것들이 있습니다.

① 떨어져 마주보고 있는 대륙의 해안선이 거의 일치

② 양쪽 대륙의 생물군의 유사성

③ 암석이나 지층 등 지질학적인 연속성

④ 과거 빙하 흔적의 유사성

⑤ 고지자기의 자극 이동경로 역추적 결과

산곡풍

산골짜기
기쁨이네 집엔
밤과 낮
바람이 바뀐다.

밤엔
산꼭대기에서 집 쪽으로
낮엔
집에서 산꼭대기 쪽으로

바람이 바람났나
이리왔다
저리갔다

밤엔
산꼭대기 먼저 냉각되어
따뜻한 아랫목 파고들면
오히려 골짜기 따뜻한 바람
아랫목 비켜 상승을 하고

낮엔
산꼭대기 먼저 열받아
뜨거워진 공기 상승을 하며
골짜기 찬바람
위로 당기고,

밤엔 산에서 불어 산풍
낮엔 골짜기서 불어 곡풍

기쁨이네 집엔
산곡풍
바람 잘 날 없다.

바람은 수면제가 없다.

산의 비밀

밤과 낮으로 바뀌는 산곡풍의 원인은 무엇일까요?

이것은 비열 차이로 인한 것이라고 할 수 있습니다. 비열이란, 어떤 물질 1kg을 1℃ 높이는데 필요한 열량으로서, 비열이 작으면 쉽게 열을 받아 뜨거워지고 식을 때도 빨리 식는 반면, 비열이 크면 쉽게 뜨거워지지도 않고 쉽게 식지도 않는 특징이 있습니다. 그릇으로 비유를 한다면 냄비는 비열이 작고 뚝배기는 비열이 큰 그릇이라고 할 수 있습니다. 산의 꼭대기에는 주로 키가 작은 나무(관목;灌木)들이 주종을 이루고 있고 주변이 트여 있어서 땅이 건조한 상태를 유지하기 좋습니다. 상대적으로 계곡 쪽은 키 큰 나무들이 많이 있으며 바람이 잘 통과하지 못하여 축축한 상태를 유지하기 좋으며, 덧붙여서 산 아래로 내려갈수록 늘어나는 계곡의 물은 더욱 습도를 올리기에 좋은 환경입니다.

이런 것들을 종합해 보면, 계곡은 비열이 큰 환경이라 밤에 산꼭대기에 비해 쉽게 식지 않습니다. 그래서 산꼭대기보다 온도가 높아 계곡으로부터 상승기류가 발생하고 산꼭대기에서 바람이 불어오는 산풍(山風)을 형성시켜 줍니다. 산꼭대기는 비열이 작은 환경이라 계곡에 비해 낮에 쉽게 가열되어 상승기류가 나타나 계곡으로부터 바람이 불어오는 곡풍(谷風)을 형성시켜 주는 것입니다. 이러한 원인으로 밤과 낮 산곡풍(山谷風)은 매일 부는 것이죠.

그러면 산곡풍이 심하게 불어 이 바람을 잠재우려면 약이 없는데, 과연 이 산곡풍을 잠재우는 방법은 없을까요?

☞답 : 산을 박박 깎아내면 됩니다. 누룽지 긁듯이-

해륙풍

섭씨 40도를 바라보는
폭발적 더위로
머리에서 탄내가 난다.

무작정
벗어나고픈 곳
폭염의 공간을 떠나
바다,
시퍼런 바다로
발을 옮긴다.

이야 -!
바다다다다다!

시원한 바람
작렬하는 태양을 가르고
바다에서 육지로 해풍이

밤엔
육지에서 바다로 육풍이
거세게 얼굴을 부벼댄다.

그 이름하야
해륙풍.

원인은
쉬 뜨거워진 것이 쉬 식는다,
육지와 바다의 비열차.

낮에 먼저 가열된 육지엔
상승기류가 나타나
바다에서 공기가 불어와 채워지고,
밤엔
반대로
육지에서 바다로.

그런데
웬 비키니
사나이 가슴에 불을 댕긴다.

공부합시다!

바닷바람

한 여름 바다에 가면 시원한 바람이 붑니다. 그런데 이 바람을 잘 관찰해 보면, 낮에는 바람이 바다에서 육지로 불고 밤에는 육지에서 바다로 바람이 부는 것을 느낄 수 있습니다. 왜냐하면, 바로 육지와 바다의 비열 차이로 인한 바람이 불기 때문입니다. 바다는 온도를 높이는데 많은 열을 필요로 합니다. 이것은 물의 비열이 높고, 또 서로 혼합되고 대류가 활발하기 때문이죠. 그러나 육지는 가열을 하면 그 표면만 빨리 가열됩니다. 이것은 비열이 작다는 표현과 같습니다.

공기는 이러한 지표면과 바닷물 표면수의 영향을 받아 빨리 가열되기도 하고 늦게 가열되기도 합니다. 낮에는 강렬한 햇빛에 육지가 먼저 가열되고 바다는 늦게 열을 받습니다. 상대적으로 육지의 공기 온도가 더 빨리 상승되어 상승기류가 발생하고 저기압이 형성됩니다. 이 때 바다 쪽에서 공기가 와서 채워지는데 이것이 바로 해풍(海風)입니다. 밤에는 물론 거꾸로 생각하면 됩니다.

우리 옛말에 쉬 뜨거워진 것이 쉬 식는다는 말이 있습니다. 바로 비열을 가리킨 말이라고 생각할 수 있습니다. 한국인은 비열이 클까요 작을까요? 우리 민족을 말할 때 은근과 끈기라는 말을 인용합니다. 더디지만 끈기있게 도전하고 쉽게 포기하지 않는다는 것을 표현한 것입니다. 비열이 큰 민족이라는 것이죠.

그런데 요즘은 이 말이 많이 퇴색한 것 같습니다. 달면 삼키고 쓰면 뱉는 사회 풍조가 만연하고, 참고 인내하는 미덕이 그 빛을 잃어 가는 모습을 많이 봅니다. 타락한 세상을 보시면서도 쉽게 심판하시지 않는 주님을 바라보며 우리도 주님처럼 인내하고 용서하며 비열이 큰 삶을 살아갑시다.

계절풍

해륙풍의 확대판
대륙과 바다의 해륙풍.

북반구 위치한 우리 나라 대한민국

겨울엔
대륙의 한가운데
시베리아 한파가 몰아치고

여름엔
바다의 한 가운데
북태평양 열풍 땅거죽을 삶는다.

해륙풍과 같은 증상
작은 거나 큰 거나
원인이 같으면 결과도 마찬가지.

콩 심은 데 콩나지
콩 심은 데 고구마나냐?

공부합시다!

계절따라 부는 바람 (Monsoon)

여름과 겨울 우리 나라의 바람을 전체적으로 보면 그 특징을 알 수 있습니다. 여름엔 바다의 한가운데에서 부는 뜨겁고 눅눅한 바람, 겨울엔 대륙의 한가운데인 시베리아의 한복판에서 부는 차갑고 건조한 바람.

이 바람의 원인은 해륙풍과 마찬가지로 육지와 바다의 비열 차이로 인한 것입니다. 해륙풍은 소규모의 것이라면 계절풍은 대규모의 것이라고 말할 수 있습니다.

대기의 대순환

지구의 공기는
모였다
흩어졌다

적도의 열받은 공기는 위로 상승
적도저압대 적도수렴대를 만들고,
위도 30° 아열대 지방은
위 아래 팍 팍 공기를 지원하는 고압대.

위도 60° 아한대 지방은
극과 아열대에서 공기가 몰려드는 저압대,
다시 맨 꼭대기 극지방은
썰렁한 공기만 뿜어대는 고압대.

저압대
고압대
찬 공기
따뜻한 공기
서로가 사이좋게 어깨동무하고 어울리는
지구는 조화로운 섭리의 세상
우주에 유일한

아름다운
행성.

대기의 대순환

　지구 전체적으로 부는 거대한 공기의 흐름인 대기 대순환의 원인은 아직 100% 밝혀지지는 않았지만, 주로 이 바람은 지구 전체적인 열균형이란 측면에서 풀이 되고 있습니다. 적도에서 위도 약 38°까지는 태양에서 들어오는 태양복사에너지가 지구에서 방출되어 나가는 지구복사에너지보다 많아 열이 남아돕니다. 그러나 위도 38°에서 위도 90°인 극지방까지는 들어오는 에너지보다 방출되어 나가는 에너지가 커서 상대적으로 열이 부족합니다.

　적도에서 남는 에너지는 위로 상승하여 차가운 극지방을 데워 주고, 극지방의 찬 공기는 따뜻한 남쪽 적도를 향하여 공기가 유람을 하게 되어 대기 대순환이 일어나고, 지구전체적으로 에너지의 균형을 유지시켜 준다는 것이 지금 현재의 학설입니다.

기단

바다의 한가운데
물 많아 습도가 높은
거기에
적도가 가까워 무진장 데워진
고온다습한
북태평양 기단
적도 기단

추운 대륙
물도 없어 습도가 낮은
한랭건조한
시베리아 기단

비교적 따뜻한 대륙
온난건조한 양쯔강 기단

차가운 바다
한랭다습한 오호츠크해 기단

근디, 기단이 뭐라냐?

공부합시다!

거대한 공기 덩어리

기단(氣團;air mass)이란 습도와 온도가 비슷한 거대한 공기의 덩어리를 말합니다. 그래서 이 기단이 만들어지는 곳은 대륙의 한가운데나 바다의 한가운데서 만들어집니다.

대륙에서 만들어진 기단은 건조하고 계절에 따라 온도 변화가 크며, 바다에서 만들어 진 기단은 습도가 높고 계절에 따라 온도 변화가 상대적으로 작습니다.

봄, 여름, 가을, 겨울. 우리 나라에 영향을 미치는 4대 기단이 있는데 그 기단의 이름은 다음과 같습니다.
① 양쯔강 기단 : 온난 건조 - 봄, 가을
② 북태평양 기단 : 온난 다습 - 여름
③ 오호츠크해 기단 : 한랭 다습 - 초여름
④ 시베리아 기단 : 한랭 건조 - 겨울

또 하나 영향을 미치는 기단을 든다면, 크게 반갑지 않은 기단으로 여름철 태풍을 몰고 오는 적도 기단이 있습니다. 성질은 당연히 고온 다습하겠지요? 참고로, 장마를 몰고 오는 기단은 오호츠크해 기단과 북태평양 기단으로 습기가 많은 찬 공기와 더운 공기가 만나 정체전선을 형성시켜 무척 많은 비를 뿌리게 되는 것입니다.

온난전선

따뜻한 공기 찬 공기
싸움이 붙었다.

따뜻한 공기
라이트 훅(right hook)
레프트 훅(left hook)
찬 공기를 밀어 붙여
코너에 몰아세우고

드디어
다운.

찬 공기는
밑에 깔려 밀리다
패배의 쓴 잔을 마시고
따뜻한 공기
득의양양
하늘 높이 치솟아
승리를 자축하듯
샴페인 흔들어 비를 뿌린다.

공부합시다!

온난(溫暖)전선

온난전선은 따뜻한 공기가 찬 공기를 밀어내며 형성되는 전선(前線;찬공기와 따뜻한 공기가 만나면서 생기는 경계면의 지면선)으로, 전선면의 기울기가 크지 않으며 구름은 옆으로 발달하는 층운형의 구름이 형성됩니다.

비가 내리는 강수(降水)지역은 전선의 앞쪽에 약한 비가 넓게 내리는 특징이 있습니다. 온난전선이 지나갈 때 나타나는 날씨로는, 차차 흐려지며 약한 비가 내리고 점차 개면서 온도가 높아지는 유형을 보입니다.

한랭전선

제2차전
찬 공기 따뜻한 공기
다시
싸움이 붙었다.

이번엔
찬 공기
무섭게 어퍼컷(uppercut)을 휘두르며
따뜻한 공기
턱을 날린다.

보기좋게
뜨거운 공기
하늘로 튀어 오르고
찬 공기
그간의 설움으로
닭의 똥 같은 눈물
후두둑
뚝뚝
진한 비가 내린다.

공부합시다!

한랭(寒冷)전선

한랭전선은 온난전선과 반대로 생각하면 됩니다.

찬 공기가 따뜻한 공기를 밀어내며 형성되는 전선으로, 전선면의 기울기가 크며 구름은 위 아래로 발달하는 적운형의 구름이 형성됩니다. 비가 내리는 강수(降水)지역은 전선의 뒤쪽에 소나기성의 강한 비가 좁게 내리는 특징이 있습니다.

한랭전선이 지나갈 때 나타나는 날씨로는, 차차 흐려지며 소나기가 내린 후 온도가 내려가는 유형을 보입니다.

폐색전선

한랭전선과 온난전선
추격전이 일어났다.

발빠른 한랭전선
온난전선 뒷덜미를 잡고

두 전선
한 줄로 나란히 선다.
김밥처럼 한 줄로 나란히 선다.

맛있는 김밥전선
폐색전선

한 번 먹어봐-

공부합시다!

폐색(閉塞)전선

폐색전선은 온난전선과 한랭전선이 같은 방향으로 이동을 하다가 뒤에 오던 한랭전선이 온난전선을 따라잡아 두 전선이 합쳐져 만들어진 전선으로 비교적 많은 비를 뿌리는 전선입니다.

정체전선

여러날
좀처럼
비가 멎지 않고 있다.

방엔 눅눅한 이부자리, 빨래, 과자 부스러기
심난하게 널려
삼복 더위 안 그래도 짜증나는
한 여름

덩달아
뇌신경에 혼선을 일으키는
얄미운 전선, 정체전선.

온난전선
한랭전선
무작정 진치고 앉아
세월 가는 줄 모르고
비만 뿌려대고 있다.

웬수 덩어리
정체전선
정체를 밝혀라.

정체(停滯)전선

정체전선은 말 그대로 정체(停滯)되어 있는 전선입니다.

온난전선과 한랭전선이 만나 오랫동안 한 자리에 머물러 비를 많이 뿌리는 전선으로, 일명 장마전선이라 합니다.

태풍

눈에 뵈는 게 없다.
닥치는 대로 삼킨다.
할퀴고 집어 뜯고 꼬집고
천지창조가 다시 일어나는 건가.

혼돈,
그 실체가 출현했다.

중심은 고기압 태풍의 눈
외부는 초저기압
엄청난 기압차
안으로 몰아치며
무시무시한 흡입력 마구 빨아들인다.

7, 8월
북태평양에서 출생
성장을 거듭하며 위로 북상
애꿎은 동남아시아
소박한 나라를 쏘다니며
온통
손해배상 청구소송만 일으키는 태풍.

초속 17m를 능가하는 바람의 속도
어마어마한 파괴력의 에너지는
수많은 수증기
응결 잠열로 충당되고

서북쪽으로 북상하다
편서풍대에 이르러
북동으로 돌아
바나나 코스를 그리는

무서운 우리의 이웃
태풍.

공부합시다!

무서운 바람

태풍(颱風)은 바람의 빠르기가 초당 17m를 넘는 열대 저기압의 바람을 가리킵니다. 우리 나라에서는 태풍이라 하지만 멕시코만에서는 허리케인(hurricane), 인도양에서는 사이클론(cyclone), 오스트레일리아에선 윌리 윌리(willy willy)라고 불리웁니다.

태풍은 수온이 26℃ 이상인 적도근처의 바다에서 만들어지며, 처음에는 서쪽으로 진행하며 위로 올라오다가 위도 30° 부근에서는 편서풍의 영향으로 방향이 북동쪽으로 바뀌어 진행하는 특징을 보여 줍니다. 태풍의 구조로 매우 재미있는 것은 '태풍의 눈' 이라는 것으로서, 태풍이 아무리 세찬 비바람을 몰아쳐도 태풍의 중심부에선 하강기류가 있어 날씨가 맑고 바람도 거의 없다는 것입니다.

일반적으로 태풍은 강력한 파괴력 때문에 부정적인 면만 보는 경우가 있는데, 사실 태풍은 강한 소용돌이 작용으로 바닷물을 섞어 침전된 물질을 위로 올려 물고기 먹이를 제공하고 신선한 바닷물을 아래로 공급하는 등 바닷물을 대청소시켜 주는 매우 좋은 일을 하기도 한답니다.

화석

과거를
알고 싶나요?

옛 모습 지구를
알아보고 싶나요?

지구의 살 속 깊은 곳엔
아픈 추억
상처투성이 과거가 있답니다.

많은 생명
세상 가득 충만하던 생명체가
어느 날
교만과 퇴폐와 향락
더 이상 인내할 수 없는 타락으로
하늘은 벌을 내리고
모두 물에 잠겨 버린
그건
아픈 과거의 흔적이랍니다.

뭍에서나 물에서나
어미나 새끼나

동물이나 식물이나
모두
깊은 물
흙더미와 함께
덮여버린 후,

많은 시간이 흐른 후
물은
극지방의 얼음대륙으로
바다 속의 깊은 골짜기로 갇히고
육지가 나타나자
생명은
다시 보금자리를 만들어 갔지요.

지금도
땅 속엔 많은 기억
딱딱하게 굳어진 모습으로
우리 곁에 다가옵니다.

착하게
서로 사랑하며 살라고.

공부합시다!

지구의 역사책 - 화석(化石;Fossil)

화석은 과거 지구의 역사를 간직하고 있는 유일한 증거입니다. 먼 옛날 그곳이 건조했던 지역인지, 혹은 더웠던 지역인지, 혹은 얼마나 오래된 땅(지층)인지 등등을 알 수 있는 유일한 자료가 바로 화석이라는 것이지요.

그런데, 이 화석은 우리가 수업 시간에 배운 것처럼 오랜 시간 동안 천천히 만들어진 것이 결코 아니랍니다. 화석이 되려면, ①생물의 몸체가 빨리 묻혀야 되고 ②단단한 부분이 있어야 하며 ③화석화작용(치환작용, 탄화작용, 냉동)이 있어야 됩니다.

그러나 발굴되는 화석을 보면, 물고기처럼 죽으면 물에 떠서 쉽게 부패되는 생물체의 화석이 있는가 하면, 여러 지층을 관통해서(?) 만들어진 화석도 있습니다. 쉽게 부패되는 여러 가지 생물체의 화석은 지층이 오랜 시간에 걸쳐 쌓이면서 만들어졌다는 진화론자들의 이론과는 맞지 않습니다. 또한 부드러운 해파리 같은 생물체의 화석도 발견되는 것을 보면, 화석은 것이 급작스럽게 만들어졌음을 뜻하는 것이 아닐까요?

지층의 순서에 따라 만약 지층이 역전된(뒤집혀진) 것이 아니라면, 밑의 지층일수록 오래되고 하등한, 즉 진화가 덜 된 생물의 화석이 나온다고 합니다. 그런데 놀랍게도 고생대의 물고기가 나오기 전에 형성된 지층에 물고기 화석이 산출되는 지층도 있습니다. 지층의 나이를 계산했을 때, 결코 있을 수 없는 시간을 앞지르는 생물의 화석이 발견되는 지층이 있는 것입니다.

화석은 노아 시대의 40일간의 홍수에 의해 만들어진, 전 지구적인 현상에 이해 갑작스럽게 만들어진 것입니다. 비가 자꾸만 내리자 육상 동물은 점점 높은 곳으로 이동을 하며 지층의 위쪽에 묻히게 되었고, 당연 바다 생물은 밑의 층에 묻혀 화석이 되었겠죠.

또 하나 중요한 것은 화석이 아무리 많이 발굴되어도 중간단계의 화석은 결코 나오지 않는다는 것입니다. 누구라도 원숭이의 꼬리가 짧아지며 사람이 된 중간단계의 화석을 발굴한다면 저는 저의 집을 공짜로 드리겠습니다.

참고도서 : 『현대과학의 성서적 기초』(요단출판사), 『창조론 대강좌』(CUP)

공룡 시대

물 속에 살던 플레시오사우루스
뿔달린 육지 공룡 트리세라톱스
날카로운 이빨, 싸움꾼 공룡 티라노사우루스
새처럼 날던 공룡 람포린카스

지구 곳곳마다
무시무시한 덩치
공룡들이
쿵
쿵
세상을 휘어잡고 있던 때가 있었지요.

사람도
공룡도
사자도
모두 처음엔 풀만 먹던
초식동물

그런데
홍수 심판
노아의 방주 이후로
삭막한 세상

물고 뜯고 피흘리는 세상
살벌한 세상이 되었죠.

공부합시다!

쥬라기 공원

과거에 공룡과 사람이 같이 살았다고 했는데, 성경엔 어떻게 기록되어 있을까요? 구약성경의 욥기서 40, 41장을 보세요. 무시무시한 하마와 악어에 대해 기록되어 있습니다. 이것은 성경을 번역할 때, 적당한 단어가 없어서 번역한 단어입니다. 과거에는 있었는데 지금은 없고 그 동물을 설명할 수 없어 번역하여 기록한 단어가 바로 하마와 악어라는 단어입니다. 이 하마와 악어는 바로 옛날에 살았던 공룡의 표현입니다.

재미난 사실은 사람이나 다른 동물들이나 모두 처음에 창조되었을 땐 초식동물이었다는 것입니다(창세기 1장 29~30절). 그런데, 홍수심판 이후 지구는 엄청난 환경의 변화가 일어났습니다. 살벌한 먹이 사슬의 관계가 만들어진 것입니다. 바로 물고 뜯고 잡아먹는 육식의 세상이 된 것입니다(창세기 9장 2~3절).

진화론에 의한 지질시대는 이렇게 암기하면 문제 풀이에 도움이 될 것입니다(세계물질특허 출원중).

<table>
<tr><td></td><td></td><td></td><td>(쥐)</td><td></td><td>(올마)</td><td></td></tr>
<tr><td colspan="7">시원하게 캄(come) 오실 데 석페를 트집잡아 백팔에 옮아가는 풀을 홀로 뽑더라</td></tr>
<tr><td>생생</td><td>브</td><td>르루 본 탄름</td><td>라라</td><td>악레오 리이</td><td>라</td></tr>
<tr><td>대대</td><td>리</td><td>도리 기 기기</td><td>이기</td><td>기오세 고오</td><td>이</td></tr>
<tr><td></td><td>아</td><td>비아</td><td>아</td><td>세 세세</td><td>오</td></tr>
<tr><td></td><td>기</td><td>스기</td><td>스</td><td></td><td>세</td></tr>
<tr><td></td><td></td><td>기</td><td>기</td><td></td><td></td></tr>
</table>

선캄브리아대는 캄브리아기 앞으로 이해하면 되고, 신생대는 끝이 모두 '세' 자로 끝나는 3기를 기억하면 되고 중생대는 신생대 앞의 3개(트라이)의 기를 기억하면 구분이 될 것입니다.

땅의 나이는 몇 살?

땅은 얼마나 나이를 먹었을까?

지구 나이는 어떻게 알 수 있을까?

지구 나이는 두 가지 방법,
- 상대적 나이 상대연령
- 진짜 나이 절대연령

상대연령은 여러 층 서로 비교
앞 뒤 나이 따지고
절대연령은 방사성 동위원소 반감기 이용
진짜 나이 따지고

지구 나이
계산하면 천 년, 만 년, 억 년

아직도 진실은
만드신 분만 아시지.

진짜 나이

어떤 사람들은 자기의 나이를 속여 많게도 하고, 적게도 합니다. 호적이 잘못되었다며 혹은 주민등록이 잘못되었다며 진짜 나이가 얼마라고 합니다. 다른 사람은 정말 그 사람이 몇 살인지 진짜 나이를 알 수 없습니다. 진실을 아는 사람은 그 사람의 부모님이시겠지요.

방사성동위원소의 반감기를 통해 지구의 역사를 측정한다는 것도 사실 많은 오차가 있습니다. 여러 가지 조건과 가정이 맞아야만 합니다. 정확한 지구의 나이는 오직 만드신 하나님만 아시겠죠?

* 반감기의 계산

$$n = n_0 \left(\frac{1}{2}\right)^{\frac{t}{T}}$$

n : t년 후 남은 방사성 원소의 양

n_0 : 처음 양

t : 경과 시간 (년)

T : 반감기

자석 지구

여행 준비물 : 지도, 나침반, 세면 도구, 쌀, 라면, 김치, 돼지고기,
　　　　　 고추장, 감자, 양파, 마늘, 칼, 도마, 버너, 수저, 휴지,
　　　　　 랜턴, 가스, 이불, 양말, 속옷, money 많이

모처럼 산을 타고
지도를 읽는다
산고개 넘어 계곡을 건너고
오솔길 따라 다시 3km

맛있는 김치찌개 점심
가득 배 채워 누르고
번쩍
엉덩이 들고
2차 목표지 출발

가다가
가다가
또
가다가

지도의 목표지가
엥?

안 보인다!
나침반 읽으며
제대로 왔는데

- 어디가 잘못됐나.

지구는
북극이 두 개
나침반은
지도의 북극과 달라,
비껴진 북극 가리켜
골탕을 먹인다.

커다란 자석 지구
편각
복각
보정해 가며

다시 가는 목표지.

다음엔 여행 추가 준비물
과학책 갖고 가기.

공부합시다!

지남철 지구

옛날엔 자석을 지남철(指南鐵)이라 불렀습니다. 남쪽을 가리키는 쇠라는 의미이죠. 자석은 쇠를 잡아당기는 힘이 있는데 이를 자기력(磁氣力)이라 합니다. 물론 모든 쇠를 잡아당기는 것은 아니고 자기(磁氣)의 성질이 있는 쇠만 잡아당기는데, 여러분도 아시다시피 같은 극은 밀고 다른 극끼리는 끌어 당기는 성질을 갖고 있습니다. 지구에서는 이 자석을 자유롭게 움직일 수 있도록 하면 N극은 북극을, S극은 남극을 가리키죠.

지구는 하나의 거대한 자석인 셈입니다. 지구가 자석의 힘을 갖게 된 것은 지구 내부의 열대류현상에 의한 것으로 추정되고 있는데 이것을 다이나모 이론(Dynamo theory)이라고 합니다. 좀 더 자세히 이야기를 하면, 지구의 내부 구조는 지각, 맨틀, 외핵, 내핵으로 구분할 수 있는데, 외핵은 지진파 검사를 통하여 액체상태라고 추정을 하고 있습니다. 이 액체 상태의 외핵이 지구의 자전으로 말미암아 발전기처럼 유도전류를 발생시키고, 이 유도전류는 자기장을 형성시켜 지구에 자기장이 형성되었다는 이론입니다.

지구 자기에 대해서 공부하다 보면 지구 자기의 3요소라는 말이 나옵니다.

①편각(偏角)은 실제 자전축의 극지방과 자기의 극지방이 일치하지 않아 나타나는 수평적인 각도 차이를 말하고 ②복각(伏角)은 자침을 놓았을 때 자침과 수평면이 이루는 상하(上下)의 각(角)을 밀하며 ③수평자기력(水平磁氣力)은 수평방향으로 받는 자기력을 말합니다.

어떤 지도는 한 쪽에 편각의 표시가 되어있는데, 정확한 위치를 파악하는데 있어서 편각의 보정은 매우 중요합니다. 참고로, 서울의 편각은 6.5°W(실제 북극보다 서쪽으로 6.5° 치우쳐 있다는 것), 복각은 약 57°(N극이 땅쪽으로 약 57° 기울어져 있다는 것), 수평 자기력은 약 0.3가우스(Gauss)입니다.

숙제 : 지구 자기장의 변화에 대해 알아보세요.

태양계의 작은 가족

화성 목성 사이
꼽싸리 끼어 있는 식구,
오밀조밀
쬐끄만 몸집 태양 주위 맴도는
태스, 파라스, 베스타……
소행성 작은 무리들

왔다가 그냥 가는 식구
10년 100년
어쩌다 한 번 볼까말까
귀하디 귀한 손님
혜성

밤하늘 정적을 가르며
빛을 발하는 식구
지구에 돌입해
제 몸 태우며 일생 마감하는
기구한 인생이지만,
아름답고 찬란한
유성

태양계의 또 다른
작은 가족들.

공부합시다!

태양계의 또 다른 가족

태양계엔 왕초인 태양과 9개의 행성, 그리고 각 행성의 위성(달)이 있는데, 여기에 추가로 골뱅이 한 접시가 있습니다. 태양계의 또 다른 가족으로 가끔 얼굴을 비치는 혜성, 화성과 목성 사이 작은 몸집의 수많은 소행성, 그리고 밤하늘 번쩍 하늘을 가르는 유성이 있습니다.

혹시 유성의 크기를 아시나요?

유성은 우주공간에 떠다니는 먼지와 돌조각이 대부분으로 보통 손톱만한 크기라고 합니다. 질량이 평균 0.25g으로 1년에 지구에 떨어지는 유성의 질량은 10~1000톤이나 된다고 하네요.

놀라운 사실은, 혜성과 소행성의 운동은 지구처럼 태양 주위를 공전하는데, 그 궤도가 겹쳐지는 때에 지구와 만난다면 모두 꽥! 한다는 것입니다. 그러나 주님의 심판이 아닌 이상 함부로 그런 일은 일어나지 않겠지만, 인간의 죄가 가득하여 주님의 심판을 부추긴다면 우리는 온 몸으로 디프 임팩트(deep impact)를 경험해야 할 것입니다.

주여, 돌봐 주소서-

검은 태양

어디가 아프신가,
병이 나셨나?

이쪽
저쪽
태양 허리춤에 검은 점

11년 주기
많아졌다 적어졌다

흑점 극대기
태양은 돌변

지구 자기장을 들이받고
오색 영롱한 오로라
무선통신장애 델린저 현상
뒤죽박죽
세상을 어지럽히고

흑점 가득
태양 보일 땐
뒤죽박죽
팥죽이나 먹자.

공부합시다!

점박이 태양

  망원경으로 태양을 관찰해 보면, 태양 표면에 조그마한 검은 점들이 있음을 알 수 있습니다(물론 망원경으로 태양을 직접 보면 시력을 잃을 수 있으므로 꼭 전용 필터를 장착하고 보거나 종이에 대고 관찰해야 됩니다.).

  이것은 색깔이 검다고 해서 흑점(黑點;sun spot)이라고 이름이 붙여졌는데, 태양 표면(일명 광구)의 일부에 생긴 강한 자기장의 영향으로 열대류가 억제되고 주변보다 온도가 낮게되어 검게 보이는 현상이라고 합니다. 한편, 흑점은 11년을 주기로 그 숫자가 많아졌다 적어졌다 하는데, 흑점이 많아지면 태양의 자기장이 세어지고 지구의 자기장에까지 영향을 주어 무선통신이 두절되는 델린저 현상(dellinger phenomenon)이나 극지방의 오로라(aurora)가 나타나기도 한답니다.

한밤중에

낮엔 밤처럼
밤엔 낮처럼

초롱초롱
별볼일 있는 사람

빨간 별
노란 별
하얀 별

온도 재고
질량 재고
궤도 재고
거리 재고

하나 씩
둘 씩
우주의 비밀을 벗긴다.

짧은 파장 푸른 별은 온도가 높고,
붉은 별은 긴 파장 낮은 에너지.

이 별
저 별
커다란 망원경 뒤적이다 보면
까만 밤 하얗게
새벽이 뒤통수친다.

공부합시다!

별의 일생

밤하늘의 다양한 별들은 어떻게 일생을 보낼까요? 다양한 별들 만큼 그 일생도 다양하답니다. 우선 별의 탄생을 보면, 성간 물질(별들과 별들 사이에 있는 가스와 먼지 물질)이 다른 곳보다 밀도가 높은 곳에서 수축을 하면서 시작되어, 점점 중심 쪽으로 인력이 커지면서 더 높은 밀도의 중심핵을 만들고, 온도와 압력이 더욱 상승하면 내부에서 핵융합 반응단계가 되면 주계열성이 됩니다. 그 후 대부분의 시간을 주계열성에 머무르다가 거성이나 초거성이라는 아주 덩치가 큰 별이 되었다가, 마지막으로 질량에 따라 태양보다 질량이 작은 별은 흑색왜성, 태양정도 질량의 별은 백색왜성, 태양보다 질량이 큰 별은 중성자별, 그리고 질량이 아주 큰 별은 블랙홀(black hole)이 됩니다.

* H-R도란 무엇이고, 여기에서 별을 종류별로 나누면 어떻게 나눠볼 수 있을까요?

전기

꽁꽁 겨울 굵은 털옷 입고
따뜻한 방
옷을 벗을 때
투드득 뚝딱
정전기가 일어나는 건,

책받침 비벼 머리에 대면
하느작 머리가 서는
마찰 전기가 생기는 건,

지리한 장마비에
섬뜩이는 번개가 나타나는 건,

모두
플러스(+) 마이너스(-)
양전기 음전기 서로 만나
밖으로 전기가 방출되는 까닭

그럼,
남학생 여학생 만나
불꽃이 튀기는 건
무슨 전기?

공부합시다!

전기(電氣)

전기는 우리 생활에서 없어서는 안 되는 아주 중요한 것이죠. 그러나 이 유익한 전기를 잘못 쓰면 생명까지 위협을 받게 됩니다. 특별히 전기와 물은 친하게 놔두면 큰일나지요. 물기 있는 손으로 전기 플러그를 만지거나 전기제품 속을 만진다면 곧바로 전기고문이 시작됩니다. 지지직~ 지직~

프랑켄슈타인은 전기를 먹고 세상에 태어났지만 여러분은 하나님의 창조물이라 전기를 먹으면 배 안 불러요. 배가 아야 해요.

참, 그리고 전기는 우리가 매우 아껴 써야 되는 물질입니다.

필요 없는 전등이나 가전 제품은 꼭 끄고 가능하면 플러그까지 뽑아 놓으세요. 에어컨보다는 선풍기를 이용하고 설령 쓰더라도 온도 차이가 너무 나지 않도록 하는 것이 건강에도 좋습니다. TV나 라디오의 볼륨도 크게 하면 전기 소모가 커진답니다.

우라늄, 석유, 석탄 등 발전의 대부분을 차지하는 원료들은 대부분 수입에 의존하며 또한 자연은 무한하게 이러한 원료를 공급해 주지 않는다는 것을 다시 한 번 명심해야 됩니다.

화력 발전

불을 땐다.

석탄도 때고
석유도 때고
gas도 때고

마구 불 지펴
물을 끓인다

팍 팍 끓는 물
수증기가 나오면
좁은 공간 큰 압력
커다란 터빈(turbine) 돌리고 돌아가고

전기가 만들어지면
변전소에서 높은 전압 보상을 하여
가정으로 병원으로 학교로 전철로
배달을 한다.

원자력 발전

원자핵이 쪼개어질 때,
원자핵이 둘로 나뉠 때,

그대는 보았는가?

화력발전 수력발전보다
수십 배의 에너지로
부족한 전기
넉넉하게 채워주는
신세대 에너지
원자력

그런데
사람은 3중 4중 안전장치도 모르는 체
반대만 일삼고,
발전소 건설에 피켓을 들고

우리 집 뒤뜰엔 안 된다!

고래고래 소리를 높인다.

전기가 부족하면
여름철 더워도 신풍기 · 에어컨은 잠만 자고
겨울철 추위도 따뜻한 보일러 · 난로 시베리아를 연출한다.

그러면 그대는 어쩔 건가요?

공부합시다!

함부로 욕하면 안 되어요!

원자력발전은 앞으로 우리가 더 많이 개발하고 활용해야 될 발전 형태입니다. 방사능은 4중 5중의 안전장치로 오히려 원자력발전소가 없는 곳보다 원자력발전소 주변의 방사선의 양이 더 적을 정도로 안전하며 공해물질의 배출도 핵폐기물 관리만 잘 하면 훨씬 양도 적습니다. 또한 열효율 면에 있어서는 어떠한 에너지도 따라오지 못하는 고효율을 자랑합니다. 무작정 반감만 가지고 원자력 발전에 대해 반대를 한다면 우리는 전기가 모자라 매우 불편한 생활을 해야할 것입니다.

님비(NIMBY;Not In My Back Yard)라는 말이 있습니다. 원자력발전소나 쓰레기 처리장, 핵폐기물 저장소 같은 것을 내가 사는 곳에 건설하는 것을 반대한다는 것입니다. 그러면 다른 사람은 괜찮다는 것인가요? 물론 약간은 불편하겠지만 국가에서는 그 만큼 안전시설과 편의시설을 지원해 줍니다. 잘 알지도 못하고 남들 따라서 무작정 반대하는 것을 우리는 고쳐 나가야 합니다.

수력발전

계곡물 차곡이 쌓아놓고
높은 압력
수압관 강한 힘으로
터빈을 돌리는 댐식.

하천물 끌어들여
긴 수로(水路)에 유도
낙차를 이용한 수로식.

댐식+수로식=댐수로식.

잘 나가는 물줄기 잡아틀어
낮은 곳 떨어뜨려 발전
수로식의 사촌 수로변경식.

남아도는 심야전기 끌어다
물 퍼 올리고
소모 많은 낮
내리쏟아 발전하는 양수식.

만들기는 어려워도
유지비가 적게드는
물의 전기 만들기 목록들.

고기압
- 고기 잡기 좋은 날 -

화창한 하늘
맑은 날씨

구름도 그리 없고
밖으로 나가
로울러스케이트, 하이킹, 여행하기 좋은 날.

공기압력이 주변보다 높아
바람이 밖으로 나가고
하늘 위에서 새로운 공기 내려와
땅 쪽으로 깔리면
높은 기압으로 부피는 줄고, 온도는 올라가고
결국
구름이 있어도
온도가 올라가면
온데 간데
흩어져

쨍쨍
맑은 날 되는

고기압 날씨.

공부합시다!

고기압(高氣壓)

기압(氣壓)은 쉽게 말하자면 공기의 압력입니다. 기압은 토리첼리라는 과학자에 의해 처음으로 정의되어졌는데, 사실은 성경에 '바람의 경중(輕重)' 이라는 표현으로 기압에 대해 기록되어 있습니다(욥기 28장 25절).

고기압이란 주변보다 공기의 압력이 높아 바람이 밖으로 불어 나가는 곳으로, 이때 공기가 위쪽에서 아래쪽으로 채워지게 됩니다. 공기는 아래로 내려오면서 부피가 줄어들며 온도가 올라가고 포화수증기량이 증가하여 구름이 있어도 소멸하게 됩니다.

즉 날씨가 좋다는 것이죠. 북반구에서 고기압의 중심에서 밖으로 바람이 불어나갈 때는 바람이 시계방향으로 회전하며 불어나가는데 이것은 전향력의 영향이랍니다.

전향력이 뭐냐고요? 한 번 알아보세요!

저기압
- 저기 비가 오려 하네 -

몽실몽실 손잡은 구름들
왠지 주루룩
비가 올 것 같은
찌푸린 하늘.

기압이 낮으니
공기가 모여들고
모인 공기는 위로
위로 가면
덩어리가 커지고 구름도 생기고 비도 오고 눈도 오고
가끔
알갱이 우박도 오고

아침엔 맑아도
차차 저기압골로 들어가면
어느덧 검은 외투 입은 하늘
투둑투둑
오줌쌀 지 모르는 일

저기압골 영향에 들면
다들 우산 하나쯤 챙기는
준비하는 생활을 하자.

공부합시다!

저기압(低氣壓)

기분이 나쁠 때는 '지금 저기압이야' 라고 말하곤 합니다.

일기예보하는 것도 아닌데 저기압 이야기를 아주 자연스럽게 합니다.

이 저기압은 어떤 특징이 있을까요? 쉽게 얘기하자면, 고기압의 반대라고 하면 됩니다.

그러나 조금 자세히 설명한다면, 저기압이란 말 그대로 주변의 기압보다 기압이 낮아서 공기가 모이는 곳입니다. 이 공기가 위로 상승하면서 공기는 부피가 커지고 온도는 내려가고 수증기가 응결을 하며 구름을 만들기 시작합니다. 그러면 날씨가 흐려지고 더 흐려지다 보면 마구 비도 오고, 눈도 오고, 우박도 쏟아지고, 골도 때리고- 뭐 이런 사태가 벌어지니까 날씨가 안 좋다. 즉 기분이 나쁘다란 말과 같은 의미로 쓰는 것입니다.

그렇지만 기분이 나쁘더라도 웃으며 삽시다. 웃음은 건강을 보장해 줍니다. 많이 웃는 사람이 똑똑하고 공부도 잘한다는 전설 같은 이야기도 있습니다. 배꼽이 튀어나온 사람은 웃다가 배꼽이 빠진다는 의학계의 X-파일도 있습니다.

수성

가장 작은 몸
양지바른 태양 곁에
귀여운 궤도
발빠른 움직임의 행성

옛적
이름 붙일 때
Mercury
비행의 수호신이라 붙이고

뜨거운 햇빛 속에
살기도 어렵고
태양근처라 보기도 어렵지만

그래도 막내 행성
이른 아침
초저녁
문안 인사 잘하는

귀여운 행성.

공부합시다!

수성(水星;Mercury)

수성은 태양에서 가장 가까운 행성으로 크기는 지구의 약 3분의 1정도입니다. 수성의 영어 이름은 머큐리(MERCURY)로 로마 신화의 사자(使者)신을 뜻하며, 이 신은 웅변가, 장인, 상인, 도둑의 수호신이랍니다. 수성은 태양과 너무 가까이 있어서 관찰하기가 매우 어려우며 표면은 달 표면처럼 생겼습니다.

수성의 하루는 지구 시간으로 59일나 되며, 1년은 88일입니다. 하루가 1년과 비슷합니다. 그리고 달(위성)은 갖고 있지 않습니다. 워낙 수성 자체가 작으니까 달까지 데리고 있을 만한 여력이 없는 것 같군요.

금성

펄 펄 끓는 행성
납덩이 녹아 물이 되는 행성

태양계 식구 중에
제일 많이 열받아 있는
불지옥 행성

두꺼운 대기층
오는 빛은 통과시켜 쌓아두고
가는 빛은 각아 세워
온실효과 뜨거운 행성

샛별이라고 가까이 하면
홀랑
화상입고
병원 가는

알게 모르게
겁나는 행성

공부합시다!

금성(金星;Venus)

금성은 가전제품회사인 LG의 이름을 기억하며 'Goldstar'라고 부를 것 같지만 금성의 영어 이름은 사랑과 미(美)의 여신인 비너스(Venus)입니다. 태양에서 두 번째 가까운 행성으로 초저녁과 새벽에 아주 밝게 빛나고 우리 나라에서는 샛별로 불려지기도 합니다.

금성의 대기는 이산화탄소와 같은 온실효과를 일으키는 두꺼운 대기로 싸여 있어서 표면 온도가 약 500℃나 되는 뜨거운 행성입니다.

납덩어리가 금성 표면에 가면 그냥 줄줄 흘러내린다고 볼 수 있죠. 금성은 자전 주기가 243일이고, 공전 주기가 225일로 1년보다도 하루의 길이가 더 긴 행성입니다. 달은 없으며, 크기는 지구와 거의 같습니다.

화성

만화책으로 영화로
화성엔 나쁜 외계인들이
지구를 삼키려고
전쟁을 일으켰다.
싸움을 해왔다.

그러나
아직 생물체 우편번호는
만들어지지 못했다

지구랑 가깝고
물이 흘렀던 것 같은 흔적도 있고
얼음덩이 극관도 있고

지구가 아주 병들면
어쩌면
우리가 화성에 갈 지
누가 알까요?

화성(火星;Mars)

얼마 전까지 공상과학 영화나 만화에서 외계인하면 거의 화성에서 나타나는 것으로 되어 있었습니다. 이것은 달을 제외하고 화성이 가장 지구환경과 비슷하여 생명체의 가능성이 가장 크기 때문인 것 같습니다.

화성은 눈으로 보면 붉은 빛을 띠고 있는데, 이 색깔을 보고 로마신화의 전쟁의 신 이름을 따서 마르스(Mars)라고 명명되었습니다.

화성에 물이 있었다는 설이 제시되고 있으나 아직 정확하지는 않습니다. 특이한 것은 화성의 극에는 극관(極冠)이라는 것이 있는데 그 성분은 주로 이산화탄소와 얼음이라고 합니다. 지구처럼 화성에도 얼음으로 된 극지방이 있는 셈이지요. 이 극관은 화성의 여름철에 온도가 올라가면 녹아서 크기가 줄었다가, 겨울철에는 추워지면서 다시 얼어 커지는 현상을 보여 줍니다.

목성

행성의 맏형
듬직한 체구에
커다란 눈 부라리고
화려한 띠무늬 비단옷 입고

태양계 행성 주름잡는 목성

게다가
얇은 허리띠 아름답게
보일 듯 말 듯
치장 요란한 행성

그러나 누구나 시련은 있는 법

몇 해 전
혜성과 부딪쳐
눈탱이 밤탱이 되었던
그 때를
TV는 고자질했다.

공부합시다!

목성(木星;Jupiter)

행성 중에서 가장 덩치가 크고 화려하게 생긴 목성은 그 모습 때문에 로마신화에서 비중이 가장 큰 주피터(Jupiter)라는 이름을 갖게 되었습니다. 주피터는 모든 신의 우두머리로 하늘의 지배자란 의미를 갖고 있습니다. 물론 하나님을 가리키는 것은 아니지만 의미는 비슷하네요. 로마신화나 그리스신화는 사람과 비슷한 성격을 가진 여러 신들을 묘사한 것으로 영어의 행성 이름은 모두 이 신화의 신들의 이름을 인용했습니다.

목성은 지구 지름의 11배, 지구 질량의 300배나 되는 엄청난 크기의 행성입니다. 목성에는 16개 이상의 많은 위성이 있으며, 이 중에서 4개의 큰 위성을 갈릴레이 위성이라고 하는데 그 이름은 이오(Io), 에우로파(Europa), 가니메데(Ganymede), 칼리스토(Callisto)입니다. 목성 표면은 메탄, 암모니아 등의 두꺼운 대기로 싸여 있으며, 대적점(大赤點;Great red spot) 또는 대적반으로 불리는 강한 대기의 소용돌이 현상의 붉고 둥근 큰 점이 있습니다. 최근에 알려진 사실로는 목성에도 테가 있답니다.

토성

누가 뭐라도
제일 아름다운
가 보고 싶은 행성

겹겹이
찬란한 오색
태양계 식구 중
유일하게 여인의 향기가 나는

귀족의 자태
토성

옛날
갈릴레이 할아버지는
이걸
귀로 보았다던데

토성은
당나귀?

토성(土星;Saturn)

태양계에서 가장 화려하고 아름다운 행성이라면 누구나 토성을 꼽을 것입니다. 토성은 수많은 아름다운 테를 갖고 있는 행성으로 이 테의 성분은 주로 돌과 얼음 덩어리라고 합니다. 토성의 영어 이름은 새턴(Saturn)으로 농업의 신이름이지만, 주피터 이전 시대인 황금시대에는 최고의 신이었다고 합니다.

의외로 토성에는 많은 위성이 있는데 발견된 위성이 20개를 넘었습니다. 옛날 갈릴레이는 성능이 좋지 않은 망원경으로 이 토성을 보고 토성에 귀가 있다고 말했다는데요, 지금은 그 귀가 없어졌지요.

천왕성

멀리
청백색으로
바깥 궤도
천천히 태양을 공전하는

나도
아름다운 띠가 있는 행성

한 번 놀러오면
잘해 줄께요-

천왕성(天王星;Uranus)

천왕성은 망원경으로 보면 색깔이 초록색으로 나타나는 행성으로, 영어 이름은 우라너스(Uranus)입니다. 우라너스는 하늘의 신으로 땅의 신 가이아(Gaea)의 아들입니다. 천왕성의 달은 7개 정도로 밝혀져 있으며 천왕성의 하루는 약 15시간으로 지구의 반 정도밖에 안 됩니다. 반지름은 지구의 4배이고 질량은 15배나 되면서 운동은 잽싸게 하는 행성이죠. 물론 이런 현상은 목성형 행성에서 보편적으로 나타나는 현상이지만, 과학자들이 눈 빠지게 관찰한 결과 천왕성에도 약하지만 테가 있다는 것을 밝혀냈습니다.

해왕성 명왕성

가장 멀리

앞에 있다
뒤에 있다

둘이 번갈아
꼴찌가 되는
라이벌 형제 행성

맨 바깥쪽
태양의 온기는 싸늘히 식어

여기 오면
꽁꽁
모두가 냉동실 동태가 된다.

공부합시다!

해왕성(海王星)과 명왕성(冥王星)

해왕성은 바다의 신 넵튠(Neptune), 명왕성은 무시무시한 이름 저승의 신인 하데스(Hades)로 이름 지어졌습니다. 명왕(冥王)이라는 말은 염라대왕을 뜻하는 말입니다.

태양계의 가장 바깥궤도를 돌고 있는 이 두 행성은 매우 차가워서 감히 생명체가 살아가기에는 너무나 가혹한 환경입니다.

일반적으로 가장 바깥쪽에 있는 행성은 명왕성으로 알고 있으나 사실은 해왕성과 명왕성의 궤도가 엇갈리는 부분이 있어서 때로는 해왕성이 가장 멀리 있게 될 때도 있습니다. 두 행성 모두 테를 갖고 있답니다.

반짝반짝 작은 별

어둠 짙은
시골 밤하늘엔
재잘재잘 쫑알쫑알
속삭이는 별무리들

왜
가만히 있지 못하고
부산한 것일까.

지구를 둘러싼 대기는
두껍고 얇고
밀도도 크고 작고

상태가 다른
공기의 흐름,
별빛을 밝게 했다 어둡게 했다
별빛을 조절하기 때문.

그 빛을 보면
반짝반짝 작은 별
노래가 나오지Long!

별의 색

밤하늘의 별을 잘 관찰해 보면 저마다 독특한 색을 가지고 있는 것을 알 수 있습니다. 어떤 별은 하얗게, 어떤 별은 붉게, 어떤 별은 푸르게 밤하늘을 수놓고 있습니다.

별의 색깔은 무엇을 의미할까요? 별의 색은 주로 별의 온도를 나타냅니다. 일반적으로 푸른색 별의 온도가 가장 높으며, 그 다음은 백색 별, 노란색 별, 붉은색 별의 순으로 온도가 높습니다. 별빛을 프리즘(prism)으로 분산시켜 보면 그 특징의 유사성 —흡수선의 모양이 비슷한 것—에 따라 별을 분류하는데, 다음과 같이 나타냅니다.

분류 :　O - B - A - F - G - K - M형
색깔 : 푸른색 청백색 백색 황백색 노란색 주황색 붉은색
온도 : 고온 ◀————————————————▶ 저온

위의 스펙트럼형은 보통 알파벳을 따서 외우는데,
Oh, Be A Fine Girl, Kiss Me ! 라고 합니다.

태양은 G형에 속하는 아주 평범한 별로 사실 별들에서는 중간에도 못드는 빈약한 별이라고 할 수 있습니다.

별이 반짝거리는 것에 대한 설명은 다시 안 해도 되겠지요?

얼마나 멀까

저 별은 얼마나 멀까

지구에서 가장 가까운 별은
태양.

태양까지는 1억 5천만km
빛으로 8분
시속 900km 비행기로 19년
걸어가면 4천 3백만 년.

그 다음으로 가까운 별은
센타우루스 α
빛으로 달려도 4년 넘도록 가야 하니

얼마나
우주는 넓은가,
얼마나
하나님 손은 크신가!

공부합시다!

별까지의 거리

흔히 아주 큰 숫자를 가리켜 천문학적인 숫자라고 합니다. 천문학에서 쓰는 거리 단위는 우리가 일상생활에서 쓰는 단위와는 비교할 수 없을 만큼 큰 단위를 사용합니다. 그 단위를 보면 이런 것들이 있습니다.

① 천문 단위(AU;Astronomical Unit) : 지구에서 태양까지의 거리를 기본 단위로 하는 거리 단위

1 AU = 150,000,000km

② 광년(LY;Light Year) : 빛이 1년 동안 가는 거리 단위

1 LY = 300,000km/s × 60s × 60 × 24 × 365 ≒ 9.5 × 10^{12}km

③ 파섹(pc;parsec) : 연주시차가 1″인 별까지의 거리를 기본단위로 하는 거리 단위

1 pc = 3.26 LY = 206,265 AU

별까지의 거리를 재는 방법으로는 연주시차에 의한 방법이 쓰여지는데 이 방법은 거리가 100pc 이내의 별일 경우에 한하여 쓰여집니다.

왜냐하면 거리가 멀어지면 연주시차의 값이 매우 작아져서 오차가 너무 커지기 때문입니다. 연주시차란 지구가 태양을 공전할 때 6개월의 간격을 두고 어떤 별을 관측할 때 나타나는 별의 각도 차이에서 그 1/2을 말하는 각도입니다. 연주시차와 거리와의 관계는 다음과 같습니다.

거리(pc) = $\dfrac{1}{연주시차}$

바다 속 여행

햇살 가득 은빛으로 빛나는 수면아래
신세계 신천지가 자리잡고 있다.

완만히 깊어 가는
대륙붕엔
이곳 저곳
검은 돈 석유가 있고

갑자기 미끄러져 들어가는
대륙사면은
퇴적물 썰매 타고
대륙대에 도착한다.

한참을 더
여행을 하다 보면
우뚝 솟은 산
바다산(海山)이 앞을 가로막고
어떤 건
대머리 까진 해산
기요(GUYOT)도 있다.

바다 속 올림픽이 열리는
심해저 평원을 지나
한가운데 바다 밑을 보니

새로운 땅
해양지각 호적신고를 하는 해령이
여기 저기
끊어진 채
바다 바닥을 넓히고 있다.

맨 끝
바다 자락은
해구
태어난 지구 속 몸으로
뜨겁게 몸을 녹이며 안식을 한다.

촉매

철수와 진우가 싸움을 한다

둘이 벌개져 멱살을 잡고
언성을 높이고
주먹다짐을 한다.

태호가 다가와
불난 집 부채질,
진우 귓속에 화를 돋구어
싸움은 거칠게
아수라장이 되어버린다

잠시 후
영희는 와서
애교있는 말,
두 사람을 떼어놓고 싸움을 식힌다.

철수와 진우는 싸우고
태호는 부채질하고
영희는 식히고

촉매는 태호와 영희
자기는 반응하지 않으며
빨리 혹은 천천히
반응속도 조절하는
태호와 영희는

사람 촉매.

공부합시다!

촉매(觸媒)

촉매란 화학반응에서 자신은 변화하지 않고 다른 물질의 반응을 빠르게 또는 느리게 하는 물질을 뜻합니다. 보통 반응을 빠르게 하는 촉매를 정촉매, 반응을 느리게 하는 촉매를 부촉매라고 합니다.

야누스 오존

산소 하나
산소 둘
산소 셋

세 개의 산소가 결합된 O_3
오존(Ozone)

성층권 20-30km 높이
자외선 막아 지구생물 보호하는 오존은
고마운 오존

그러나
지표근처 오염물질과 함께 나타나는 오존은
따갑고 숨쉬기 어렵고 골치 아픈
해로운 물질

하늘 오존은 보호하고
땅바닥 오존은 없애어

살기 좋은 지구
우리 지구 만들자.

공부합시다!

두 얼굴의 물질

하늘 높이 떠 있는 오존은 생물체에게 해로운 광선인 자외선을 차단시켜 주어 이로운 역할을 하나, 지표 부근의 오존은 아주 해롭습니다. 오존은 결합력이 매우 강하기 때문에 많은 양을 마시게 되면 목숨까지 잃게 됩니다. 그래서 대도시에선 오존경보제가 도입되어 오존량의 수치가 높아지면 활동을 자제하도록 공고를 해 줍니다.

하늘의 오존은 많은 것이 좋은데 오히려 구멍이 나고, 지표면의 오존은 줄어야 되는데 증가되고 우째 이런 일이 일어나는 것인지.

좀 더 환경에 신경을 써야 되지 않을까요?

* 야누스(Janus) : 로마 신화에서 앞뒤가 다른 두 얼굴을 가진 문의 수호신 이름. 사물의 시작과 끝을 관장하기도 한다함. 영어로 1월 달을 January 라고 이름 지은 것도 한 해의 마지막과 시작을 의미하는 것으로 야누스를 인용한 것이라네요.

연기 더하기 안개

우중충한 날
낮은 기압
차가운 공기, 땅바닥 장악한 이른 아침
연기와 안개가 만났다

오염물질 연기는
물방울 입자 안개를 껴안고
눈 맵고 코 매운
스모그

온통
도시 가득
앞산을 가리고
하늘을 가린다

자동차 함께 타고
되도록 버스 타고
가능한 걸어다녀
배기가스 줄이고

공장마다 굴뚝마다
해로운 연기 정화시켜
할 수 있다면
우리 공기
깨끗하게 신선하게

연기 + 안개 = NO
무공해 + 안개 = YES.

공부합시다!

스모그(Smog)

스모그란, 대기 중의 흡습성(吸濕性;습기를 잘 머금는) 오염 물질을 핵으로 하여 생기는 안개로, 영어의 연기(smoke)와 안개(fog)의 합성어입니다. 이 스모그는 크게 두 가지 종류가 있는데 다음과 같습니다.

① 런던형 스모그 : 런던에서 발생한 스모그로 수많은 생명을 앗아감. 주로 석탄소비 증가에 의한 대기 오염으로 발생.

② LA형 스모그(광화학스모그) : 자동차 보급이 늘면서 배기가스에 의해 발생하는 스모그를 가리킴. 자동차 배기가스 속에 포함된 올레핀계 탄화수소와 질소산화물이 태양광선과 작용하여 생기는 광화학 반응으로 생성되었다 하여 광화학스모그라고도 함.

스모그 현상이 잘 일어나는 때는 저기압일 경우, 공기의 대류현상이 잘 일어나지 않을 경우, 역전층이 형성되어 있을 경우, 맑은 날의 이른 아침 등을 예로 들 수 있습니다.

전지

두 물질
이온화 경향 다른 물질이
전자를 주고 받는다.

반응성이 좋은 물질은
주고,
상대적으로 나쁜 물질은
받고,

여기서 저기로
떠돌아다니는 전자는
전자의 흐름,
전기를 만들어 낸다.

흑연 · 아연 - 건전지
산화수은 · 아연 - 수은전지
산화납 · 납 - 납축전지
니켈 · 카드뮴 - Ni-Cd전지

(+) (-)
전자 받고
전자 주고

조그만 몸매
발전소
전지

다 쓰고 나면
분리수거
뒤처리도 잊지 말자.

공부합시다!

전지(電池;electric cell)

한자로 전지(電池)는 전기의 연못이란 뜻이네요. 전지의 원리는 물질의 산화 · 환원 반응을 이용하여 화학에너지를 전기에너지로 바꾸어 주는 것으로 우리 일상 생활에서는 크게 1차 전지와 2차 전지로 나누어 볼 수 있습니다.

1차 전지는, 저장된 화학에너지가 모두 소모되면 더 이상 사용할 수 없는 1회용 전지로서 일반 건전지, 수은 전지 등이 있습니다.

2차 전지는, 전지에 저장된 화학에너지가 소모되면 충전하여 다시 쓸 수 있는 전지로서 자동차에 사용하는 납축전지, 일반 충전용 전지인 Ni-Cd(니켈-카드뮴)전지 등이 있습니다.

전기가 일상 생활에서 차지하는 비중이 큰만큼 전지 또한 그 비중이 커져가고 있습니다. 우리가 알아야 될 것은 쓰고 난 다음 꼭 분리수거를 실시하여 재활용될 수 있는 것은 모아서 다시 쓰고 재활용되지 않는 것은 모아서 오염이 되지 않도록 잘 폐기해야 합니다.

운동의 법칙

뚝

떨어지는 사과를 보고
'왜?
물음표를 달았던
뉴턴 할아버지

모든 물체 제각각
힘을 받아 운동을 하고

운동의 세 가지 법칙
식으로 가지런히
정리해 놓으신 분.

움직이던 물체는 계속 움직이려
정지해 있던 물체는 계속 가만히 있으려는
제1법칙
관성의 법칙

물체와 힘과 가속도의 관계
$F = ma$
제2법칙

힘의 법칙

내가 너를 밀면
너도 밀리고 나도 밀리고
제3법칙
작용 반작용의 법칙

아는 것이 힘이다
아는 것이 운동이다?

뉴턴(Newton) 할아버지

뉴턴 할아버지는 우주의 보이지 않는 힘 만유인력을 발견하여 정리하시고, 또 힘에 대하여, 운동에 대해 식으로 정립한 아주 훌륭한 과학자입니다.

운동에 대하여는 다음과 같이 3가지의 법칙으로 설명을 하였습니다.

① 운동의 제1법칙(관성의 법칙) : 물체에 힘이 작용하지 않으면 움직이고 있던 물체는 계속해서 움직이려 하고, 정지해 있던 물체는 계속 정지해 있으려고 한다는 법칙.

☞ 자동차가 갑자기 정지하면 몸이 앞으로 쏠리는 현상 등

② 운동의 제2법칙(가속도의 법칙) : 물체에 힘이 가해지면 물체는 가속도운동을 하는데, 예로써 힘이 일정하다면 질량과 가속도의 관계는 서로 반비례한다는 법칙.

힘(F) = 질량(m) × 가속도(a)

☞ 힘이 10N 가해졌을 때, 10kg의 물체는 $1m/s^2$의 가속도가 나타나고, 5kg의 물체는 $2m/s^2$의 가속도가 나타남

③ 운동의 제3법칙(작용・반작용의 법칙) : 두 물체가 있을 때 한 물체에서 다른 물체로 힘을 가하면 이를 작용이라 하고, 상대 물체에서 이와 똑같은 크기로 힘이 가해진 반대 방향으로 동시에 전달된다는 법칙.

☞ 배에서 노를 저어 물을 뒤로 보내면 배는 앞으로 나가는 현상, 로케트가 연료를 뒤로 분사하면서 앞으로 날아가는 것 등

소리

대금, 피리, 단소
아름다운 우리 소리

피아노, 첼로, 바이올린
아름다운 서양 소리

옆 사람 밟았을 땐
I'm sorry.

그러나
듣기 좋은 소리도 한두 번

싸우는 소리
공사장 소리
욕하는 소리

듣기 싫은 소리는
소음

너도나도 좋은 소리
음악 같은 소리 세상
함께 만들자.

공부합시다!

소음(騷音)이냐 음악(音樂)이냐

사람이 들을 수 있는 음의 범위는 1초 동안 진동하는 진동수의 범위가 20~ 20000Hz 범위인 소리입니다. 소음은 사람이 일반적으로 들었을 때 듣기 싫은 소리를 말하는데 소리 크기 단위인 데시벨(dB)로 표시하며 보통 120dB 이상의 소리가 되면 시끄러움을 느끼게 되고, 140dB 이상의 소리가 되면 귀에 고통을 느끼게 됩니다. 그러나 아무리 크고 시끄럽다고 해도 본인이 듣기 좋으면 그것은 음악이 될 수 있습니다.

단, 다른 사람에게는 피해를 주어서는 안 되겠지요?

* 일상생활에서의 소음도 (단위:dB)

20	30	40	50	60	70	80
방송국 스튜디오	소곤거림	도서관		큰소리 대화 에어컨 소리		

90	100	110	120	130		140
화물차		공사장	디스코장	최대 목소리	가까이 듣는	제트기 이륙 소리

온실 효과

쌩쌩
찬바람 부는 날도
푸른 이파리
무럭무럭 자라는 곳

어떻게
온실은 따뜻할까?

에너지 크고
파장 짧은
태양복사에너지
비닐 유리를 뚫고

지표면 다시 나가는
지구복사에너지
파장 길고
에너지 약해
온실 속 갇혀

밖은 추워도
안은 따스한 원리
온실효과

지구도 커다란 온실

지구를 둘러싼 대기
온실막 만들어
태양빛 저축하여
따뜻한 지구
온실 지구가 된다.

만약
대기 없는 지구라면
낮엔 불덩이
밤엔 얼음덩이
살 수 없는 환경

생각만도 끔찍해.

공부합시다!

온실효과(溫室效果)

온실효과는 영어로 Greenhouse effect라고 합니다. 온실효과란 온실에서 나타나는 보온현상을 말하는 것으로, 비닐이나 유리로 된 온실 천장을 파장이 짧고 에너지가 큰 태양 빛이 들어오면 다시 나갈 때는 파장이 길고 투과력이 약한 빛이 되어 뚫고 나가지 못해 결국 에너지는 온실 내부에 갇혀 온도를 상승시키는 효과를 말합니다 (물론 찬바람을 막아 따뜻한 것도 있구요).

지구에서는 대기가 바로 이러한 온실효과를 일으켜 지구를 따뜻하게 유지시켜 주는 것이랍니다. 그런데 요즘은 이 온실효과가 너무 잘 일어나 지구의 온도가 자꾸 상승되고 있다고 합니다. 지구의 온도가 올라가면 증발량이 많아지고, 비가 많이 내리고 홍수가 나고, 홍수는 인명피해와 재산피해를 일으키고, 또 빙하가 녹아 해수면이 높아져 육지 면적이 줄어드는 등 여러 가지 문제를 일으키게 됩니다.

지구의 온도가 계속하여 조금씩 상승되는 것을 지구 온난화 현상이라고 하며, 이 온난화 현상은 온실효과를 일으키는 여러 가지 기체들에 의해 가속되는데 이러한 기체로써는 이산화탄소, 메탄, 프레온, 오존, 수증기 등이 있습니다. 가장 문제가 되는 것은 이산화탄소로 화석연료인 석유나 석탄을 연소시킬 때 많이 발생합니다.

우리는 화석연료의 사용을 가급적 줄이는 운동을 벌여야 합니다.

열내고 열빼고

진한 황산 첨벙첨벙
물 속에 다이빙하자
따끈따끈 뜨끈뜨끈
열이 난다.

수산화바륨 질산암모늄 함께 놓고
왼손 오른손 섞어보니
썰렁한 기운 차갑게
얼음이 언다.

처음 물질들 반응 후 열내고 에너지 낮아지면
발열반응

오히려 주변열 빼앗아 에너지 높아지면
흡열반응

기분 나쁜 일 많아도
발열반응 하지 말고
열받은 주위 사람 식혀주는
흡열반응 사람이 되자.

공부합시다!

주머니 난로

겨울철 휴대용 난로로 주머니 난로라는 것이 있습니다.

석유를 이용한 주머니 난로가 있는가 하면, 화학반응을 이용한 주머니 난로도 있습니다. 이 중 화학반응을 이용한 주머니 난로는 화학물질이 화학반응을 할 때 열을 발생하는 것을 이용한 것으로 발열반응의 좋은 예입니다.

흡열반응은 여름철의 휴대용 냉장고(?)를 들 수 있습니다. 수산화바륨과 질산암모늄을 섞으면 주변의 열을 빼앗으며 급격히 차가워지는데 이것은 화학반응을 하며 주변의 열을 흡수하기 때문에 나타나는 흡열반응 현상의 예입니다.

반응 속도

물질들 서로 만나
반응을 한다

빠르게 천천히
조건 따라
반응속도가 다르다.

고체물질 접촉면적 높이면
기체물질 압력 높이면
온도가 농도가 높아져도
활발한 반응, 속도가 빨라지고

촉매는 두 종류
빠른 반응 재촉하는 정촉매
거북이 느린 반응은 부촉매

남자 여자 만나
반응하는 것은
하나님 창조하신 섭리
그러나
반응속도 너무 빨라 도가 지나치면
안돼 안돼
정말 안돼
성(性)은 성(聖)스럽게!

공부합시다!

반응속도에 영향을 주는 것

반응속도에 영향을 주는 것으로는 보통 4가지 요인을 들 수 있습니다.

① 농도 : 농도가 높을수록 입자의 충돌 횟수가 많아져 반응속도가 빨라져요

② 온도 : 온도가 높아지면 활성화에너지 이상의 입자수가 증가하여 반응속도가 빨라져요

③ 촉매 : 정촉매는 반응속도를 빠르게, 부촉매는 반응속도를 느리게 합니다.

④ 압력 : 반응물질이 기체인 경우 보통 압력을 높여 주면 반응이 빨라져요.

⑤ 접촉면적: 접촉면적이 넓어질수록 반응이 빨라져요.

가속도 경계경보

비탈길 얼어붙어
빙판 썰매장이 되었다.

아차 실수
한 번 미끄러지면
무서운 속력으로
내리닫고
치닫고

쿵!

담벼락이나
전봇대나
사람들이나
일단 한 번 불꽃을 튕기고
거우
정지를 한다.

점점 빨라지는 속도는
지구의 중력 때문

점점 빨라지거나
점점 느려지거나
방향이 바뀌는 운동은 모두
가속도 운동

비탈 빙판길은
위험한 가속도
자빠지면 코 깨져요.

 공부합시다!

악세레다?

운전하시는 분들 대부분은 아주 유창한 영어를 구사합니다.

악세레다 밟아!

악세레다 떼어!

이 악세레다란 무엇일까요?

그것이 알고 싶다!

운동의 제2법칙을 보면 힘과 가속도, 질량의 관계가 나옵니다. 여기서 가속도란 시간변화에 따른 속도의 변화량을 말합니다. 지구에서는 지구가 잡아당기는 중력에 중력가속도가 있지요. 가속도는 단위를 쓸 때 시간은 제곱으로 표현하는 것에 유의해야 합니다. 중력가속도를 나타낼 때 $9.8m/s^2$이라고 하는 것처럼 꼭 단위를 쓸 때 조심해야 합니다.

$$F = ma$$

운동의 제2법칙에 의하면, 힘이 일정할 때 질량과 가속도는 반비례 관계이며, 질량이 일정할 때 가속도와 힘은 비례관계이고, 가속도가 일정할 때는 힘과 질량이 비례관계가 됩니다.

자동차에서 악세레다란 가속(加速) 페달을 말하는 것으로 사실은 액셀러레이터(accelerator)입니다. 가속도는 acceleration이고요. 영어를 외래어라고 뜻도 모르고 정확한 발음도 철자도 모르고 마구 쓰면 조금 용감하다고 말하겠지요?

숨쉬기 운동

밥은 보름 정도 안 먹어도
물은 2-3일 안 먹어도
살 수 있지만
공기는 단 몇 분만 안 마셔도
살 수 없지요

공기 중 산소를 뽑아
폐는 심장으로
심장은 온몸 구석구석
산소를 배달하며

우편배달부 헤모글로빈은
산소 주고
이산화탄소, 찌꺼기를 실어와
몸 밖으로 뱉아내고

이렇게
쉴새없이
우린 호흡으로
생명을 이어가는 것

호흡,
아시겠죠?

공부합시다!

호흡(呼吸;breath)

호흡이란 혈액에 의해 운반되어 온 영양소를 미토콘드리아 내에서 산화시켜 에너지를 얻는 것을 말합니다. 산소를 호흡하는 유기호흡과 산소를 소모하지 않는 무기호흡(부패와 발효)이 있습니다. 사람이 숨을 쉬는 것은 늑골(늑간근)과 횡경막이 폐를 부풀렸다 줄였다 하면서 공기를 마셔서 필요한 산소를 받아들이고 필요없는 이산화탄소를 내보내는 호흡운동입니다.

보통 사람들은 호흡만 생각하여 공기를 마시면 산소와 이산화탄소의 출입만 생각하는데 사실은 공기 중에 가장 많이 있는 것은 질소로써 질소를 가장 많이 마시고 질소를 가장 많이 내쉽니다.

질소와 산소의 공기 비율은 약 4:1로 질소의 양이 4배나 더 많습니다.

푸른 호흡

호흡에도 푸른색
색깔이 있다.

푸른 나무
푸른 풀밭
이파리마다
미토콘드리아 입벌려
산소를 마시고
CO_2 이산화탄소를 내뿜으며
사람처럼 숨을 쉰다.

그러나
사람은 언제나 산소를 마시지만
이파리는 이산화탄소도 마시고 산소도 마시고

낮엔
이산화탄소 물 햇빛을 버무려
포도당 만드는 광합성

산소 먹고 이산화탄소 내뱉는
호흡은 언제나

푸른 이파리마다
푸른 호흡이 있다.

공부합시다!

나무도 산소를 마셔요!

나무는 사람에게 신선한 산소를 만들어 공급을 합니다.

빛에너지를 이용하여 이산화탄소와 물로부터 유기물인 포도당과 물, 그리고 산소를 공급하는 광합성을 하기 때문이지요.

$$6CO_2 + 12H_2O \xrightarrow[\text{엽록체}]{\text{햇빛}} C_6H_{12}O_6 + 6H_2O + 6O_2$$

그런데 나무도 사실은 사람처럼 산소를 마시고 이산화탄소를 내뱉는 호흡을 합니다. 물론 그 양은 낮에 광합성을 하며 생산하는 산소의 양보단 훨씬 적지만, 나무도 산소를 소비하는 것입니다.

나무가 무조건 이산화탄소를 마시고 산소를 내놓는다는 것이 아니라는 것을 기억하세요. 하나님의 창조의 섭리를 보면 그 창조물들의 유사성과 원리가 함께 적용되어 있음을 느낄 수 있습니다.

맺으면서

무수히 반짝이는 밤하늘 별들을 보세요.
어떻게 이렇게 많은 별들이 만들어지고 하늘에 매달려 있을까요?
들에 핀 수많은 꽃들을 보세요.
저마다 화려한 색으로 치장하고 맘껏 뽐내고 있는
각양 각색의 꽃들을 어떻게 설명할 수 있을까요.
과연 진화로 설명할 수 있을까요?

이 세상 어디에서라도 하나님의 손길을 느끼실 수 있습니다.

진화는 부분적으로 일어날 수 있습니다.
그러나
하나님께서 창조하신 이 아름다운 세상을
모두 진화로 설명한다는 것은 위험한 생각입니다.

하나님은 당신이 하나님을 믿든 안 믿든
지금도 끊임없는 사랑으로 당신을 기다리시며 사랑을 쏟고 계십니다.

교회가 어떻다고 기독교인이 어떻다고 말들이 많습니다.
그러나 중요한 것은
바로 당신 자신입니다.
믿고 안 믿고는 자유이지만
영생과 천국은 예수님의 열쇠가 있어야 얻을 수 있습니다.

힘들고 괴롭고 어려워도
거기엔 분명 어떤 뜻이 있고 계획이 있습니다.

그 뜻을 발견하고 싶지 않으세요?